图书馆空间建设与导视服务研究

TUSHUGUANKONGJIANJIANSHEYU

DAOSHIFUWUYANJIU

辽宁人民出版社

图书在版编目（CIP）数据

图书馆空间建设与导视服务研究 / 王丽娜编著 . —
沈阳：辽宁人民出版社，2023.6
ISBN 978-7-205-10766-6

Ⅰ . ①图… Ⅱ . ①王… Ⅲ . ①图书馆建筑—建筑设
计—研究 Ⅳ . ①TU242.3

中国国家版本馆CIP数据核字（2023）第103210号

出版发行：辽宁人民出版社
　　　　　地址：沈阳市和平区十一纬路25号　邮编：110003
　　　　　电话：024-23284321（邮　购）　024-23284324（发行部）
　　　　　传真：024-23284191（发行部）　024-23284304（办公室）
　　　　　http://www.lnpph.com.cn
印　　刷：辽宁新华印务有限公司
幅面尺寸：170mm×240mm
印　　张：11.5
字　　数：140千字
出版时间：2023年6月第1版
印刷时间：2023年6月第1次印刷
责任编辑：祁雪芬
装帧设计：Amber Design琥珀视觉
责任校对：吴艳杰
书　　号：ISBN 978-7-205-10766-6

定　　价：68.00元

目 录
CONTENTS

>>

绪　论

　　本书从用户需求驱动出发，研究图书馆空间、导视和图书馆服务之间的关系，重点以图书馆空间类型为研究对象，以用户对图书馆空间需求为准则，着重于图书馆导视系统和标识设计的过程，探讨图书馆导视系统、标识和用户体验之间的关系，旨在从图书馆空间视角揭示导视之于图书馆服务的重要意义。导视系统作为图书馆服务的重要组成，无论是实体空间还是虚拟空间，无论是线上导视还是线下标牌，其在满足用户不断变化的需求方面，在引导用户利用图书馆方面起到了极其重要的作用。本书在分析图书馆空间建设、发展特征和导视服务的基础上，结合了大量的国内外优秀案例，提出中国图书馆在空间改造和导视服务建设中应运用规范建设流程、把握建设要素、遵循设计宗旨等策略，同时对图书馆今后转型与发展等提出建议，以期为图书馆空间服务、导视服务提供一定的参考和借鉴。

　　图书馆导视系统相较于图书馆其他常用服务，虽然不像图书资源、软硬件设备那样被用户直接接触和使用，它却是用户到馆后最先利用和感受的重要部分，图书馆导视作为图书馆与用户的第一个接触点，需要得到图书馆管理层面的高度重视。图书馆通过抓住用户与图书馆之间接触点来设计系列活动的方法，是用问题导向思维、从用户角度出发的思维方法。

众所周知，一个图书馆的导视完备与否、清晰与否，关系着这所图书馆的管理水平与服务能力的高低，同时，也关系着这所图书馆的包容性和开放性程度的大小。更重要的是，规范化的图书馆导视系统有利于图书馆营销对外形象，有利于树立图书馆文化品牌，优秀的导视系统对图书馆日常运行与发展有重要的推广作用，并且能够节约人力成本，使图书馆通过清晰的导视创造出最大化的服务效益。笔者通过实地考察和网络调研发现，无论从相关研究成果、实体建设，还是中长期规划方面，图书馆导视系统在国内均研究尚浅，大多数图书馆实体导视缺乏或表现落后于国外同行。笔者将通过对图书馆导视系统的建设现状来揭示导视依托于空间、与空间共同发挥服务作用的深刻内涵。

事实上，图书馆空间布局和设计对导视有很大影响，许多导视的可达性问题都是从空间的复杂性中产生。比如当图书馆的建筑结构过于复杂导致空间内的柱子、走廊、转角等过多时，会出现用户视线被阻挡的现象，无论该视线是指向服务台、洗手间、咨询处，还是指向超出用户预期的其他路径时，都会使用户感到沮丧且失去利用图书馆的自信心。因此，图书馆的空间与导视设计需融为一体、完美结合并成为图书馆的重要服务手段。

一、图书馆空间与导视相关概念

图书馆作为学习空间、阅读空间、学术空间、研究空间及信息资源空间，承担着保存文献、传承人类文明、传递文化交流的历史使命，图书馆的发展经历了古代图书馆（藏书楼）、传统图书馆、现代图书馆，融合了电子图书与复合图书馆，进而又发展到数字化图书馆、智能化图书馆，各种发展模式相互依存、相互融合，并不断向较高目标的智慧图书馆方向迈进。

虽然，图书馆在发展过程中不断受到大数据、人工智能、移动互联网、云存储等发展的冲击，更是受到2021年横空出世的"元宇宙"的影响，但图书馆业界始终坚信，作为文化中心、信息中心、学术与阅读中心、文献与信息集散中心的图书馆，将会在实体与虚拟的融合中发展，在线上与线下推广中实现自我转型。作为与图书馆物理建筑紧密相连的空间、导视系统，将会为图书馆服务用户起到极其强大的营销推广作用。

近年来，随着网络信息技术的迅猛发展，图书馆的发展受到诸多因素的影响，作为"工具"的图书馆面临着严峻的挑战，然而，作为"空间"的图书馆，却呈现出无限生机。为满足资源存储需求及用户的多样化需求，国内外图书馆纷纷进行了新建、翻新或改造工程。一方面，图书馆的物理空间不断扩大；另一方面，图书馆的功能变得多样复杂。图书馆以融合的大开放格局取代了传统格局，其功能区域从界限分明转变为交叉模糊，空间的复杂性使用户更加容易迷失在图书馆环境中。因此，本书从图书馆服务用户的视角出发，基于用户需求研究图书馆导视系统，创新性地将图书馆的导视系统作为其服务手段之一，进一步构建图书馆导视系统基于空间、连接"图书馆"与"用户"的服务型策略，并始终基于图书馆的"人""资源""空间"三大要素，这将对充分揭示图书馆服务、图书馆空间具有重要现实意义。

作为公共服务场所的图书馆，它与商场、医院、博物馆、美术馆等有着较高的相似性，都拥有较多数量的实体用户，因此，在服务与指导用户方面，图书馆导视系统建设具有重要性和必要性，该系统指用户在步入图书馆空间过程中，通过浏览和阅读文字、图片、符号等标识，在获取寻找资源、利用设备设施、享受服务、实现个人定位等服务时所依赖的体系，这个系统不仅是馆藏分布图和读者指南，还融合图书馆的个性化营销、服务项目、用户体验、创意表达等要素。从广义角度讲，图书馆导视系统包括基本导视符号、指引路牌、安全标识以及利用图书馆资源和空间设施等相关指南。

1. 图书馆空间及相关概念

（1）空间

空间是人类生活的基础，是现代建筑、城市设计、景观设计和室内设计等学科最为关注的研究对象。在中国古代，老子在《道德经》中细致地阐述了空间："埏埴以为器，当其无，有器之用。凿户牖以为室，当其无，有室之用。故有之以为利，无之以为用。"①从中可以发现，从古至今人们都在强调建筑和空间对于人的意义，真正有价值的不是空间外在，而是空间自身。

美国当代著名后现代地理学家爱德华·索亚最早提出"第三空间"概念并做出系统理论构建。随后，美国社会学家雷·欧登伯格（Ray Oldenburg）在索亚"第三空间认识论"的基础上，于1989年发表著作

---

① 老子. 道德经 ［M］. 徐澍，刘浩，注译. 合肥：安徽人民出版社，1990.

The Great Good Place，被译为"绝好的地方""绝对的权利""第三空间"等，在著述中，他以社会学的视角将社会空间分成3个空间，即作为第一空间的家庭、作为第二空间的职场、作为第三空间的公共场所。①

（2）社会空间

社会空间是社会活动和社会组织所占据的空间。地理学家约翰·斯顿将社会空间定义为"社会群体感知和利用的空间"，他认为在该空间中的活动能够反映出社会群体的价值观、偏好和追求等。②

按照如上关于人类3个空间的划分，第三空间就是除第一空间、第二空间外的其他空间，如各类书店、文化商圈、图书馆、咖啡店以及公园等。"第三空间"供人们休息、放松、交流、冥想、讨论等，这个空间能够让人充分释放、充分想象，以形成人和人、人和信息资源、知识和知识之间交流融合的共享空间。随着图书馆的不断转型发展，当前，图书馆的"第三空间"实现了从"以书为中心"到"以人为中心"的本质性转变。前者强调的是静态知识和被动服务，后者却更加重视人与人的思想交流与知识传递。随着社会经济不断发展，图书馆逐渐被设计成为一个具有公平性、普惠性、包容性、互动性的文化场所，在这里，汲取知识、批判学习、平等获取、自由利用，这种设计使图书馆充分发挥了社会公益性价值。③

---

① 陈丹. 现代图书馆空间设计理论与实践 [M]. 上海：上海社会科学院出版社，2020.

② 董福田. 时空 [M]. 北京：知识产权出版社，2017.

③ 杨永华. 智慧时代高校图书馆服务创新与发展研究 [M]. 北京：中国原子能出版社，2020.

（3）图书馆空间

社会生活空间由私人空间与公共空间共同组成，图书馆空间隶属于公共知识空间，它与其他公共知识空间（如书店、博物馆、文化中心等）有着共同的交流性。公共知识空间拥有独立性、开放性、延伸性；私人空间是人类赖以生存的必要条件，而公共空间恰是使人"成为人"的重要因素。作为有着绵延历史的图书馆来说，它承担着公共空间的传承文化功能、保存文献功能、传播文明功能、传递知识功能。图书馆空间之于用户（国外近年来演绎为内涵更广泛的"利益相关者"，Stakeholder）有着极其重要的理论意义和现实意义。[①]未来的图书馆让人们充满无限想象，资源极大丰富，线上线下极大便利，服务内容多元化富媒化，既是学习者、研究者的重要空间，更是娱乐者、休闲者遐思冥想的佳境。未来图书馆既是无边界的、无形的，又是可体验的，它承担着文献数字化中心、信息价值评估中心、学术交流中心、区域学习中心、娱乐活动中心的功能，集建筑空间、文化元素、文献资源于一体。[②]

从中国来看，图书馆历经几代变革与发展，从旧范型转化为新范型，朝着用户至上、以需求为主导的发展方向，图书馆不断寻求发展理念的突破，以期跟上甚至引领时代步伐，为用户提供高品质的学习环境与优质的服务项目。第三空间的认可加之中国经济不断向上发展，促使图书馆给予用户更好的环境与体验，许多图书馆进行扩建与翻新

---

① 王子舟. 公共知识空间与图书馆［J］. 中国图书馆学报，2006，32（4）：10-16.

② 曹慧芳. 未来图书馆［M］. 沈阳：辽宁大学出版社，2020.

的同时也带来了新问题，一方面图书馆建筑面积、阅览室数量和阅览室座位数成倍增长，从建筑面积来看，每万人公共图书馆建筑面积由2010年67.2m²[①]扩大至2017年109m²[②]，增长率为62.2%；另一方面，图书馆服务更加多元化，功能边界模糊，从传统"田"字、"日"字或"T"形的格局转变为大开放、交叉型格局。

为解决因图书馆空间复杂而引起的用户迷失于图书馆的问题，近年来，中国对于图书馆导视系统的研究未曾间断，但多数研究集中在与其他大型场馆类似的导视系统设计方面，主要专注于导视系统设计要素与设计原则的研究，忽略了将导视系统与图书馆服务、图书馆所承载的社会意义等深度融合。

（4）图书馆空间转型

长期以来，随着技术的变革与用户的需求转变，图书馆空间不得不随之转变。图书馆从古代藏书楼的限制性阅读，发展成为传统图书馆由图书馆员代为查找图书的闭架模式，又发展成为现代图书馆由用户自主查找图书、利用空间与设备设施的全开放模式，甚至是现在与未来的虚拟与现实结合的多元与智慧模式……在这种变化的过程中，图书馆的作用已经从"以藏书为中心"转变为"以用户为中心"，并不断转向满足用户阅读、信息和技术服务。现阶段，用户的需求变化得更快、更加不可预测，许多图书馆管理者都在寻求努力，不断追求图

---

① 中国图书馆学会，国家图书馆. 中国图书馆年鉴：2014［M］. 北京：国家图书馆出版社，2015.

② 中国图书馆学会，国家图书馆. 中国图书馆年鉴：2017［M］. 北京：国家图书馆出版社，2018.

书馆空间和服务的价值，这些努力包括对于原有馆舍的拆除、新建，对于原有馆舍的改建、扩建，所有这些努力都是为了帮助人们不断进步、不断接近或达到梦想的目的。为此，图书馆空间从收藏和保存图书转向用户阅读服务，再转向连接人与人、连接人与资源、连接资源与资源，以至实现思想交流、智慧碰撞的高级目标。

2. 图书馆导视与标识概念

（1）标识

标识（Sign，Signage），指在特定的空间环境中用来传达信息、指令、要求等内容的符号，其主要功能是提供信息与方向，当信息以实物化、电子化等为载体在人与人之间进行传递时，这种信息就可以称为"标识"。标识是一种视觉符号，通常应用在公共空间、公共系统中，如交通信号、道路指南、商超导航等，标识的信息传达能力比文字强，让观者通过视觉观感就能清晰地理解符号含义。标识能够提供一种视觉隐喻，能赋予操作行为某种含义，这样用户看一眼标识便知其表达的内容。因此，标识是一种提高用户体验的、自我导向的工具，它能够很好地组织相关内容[1]，吸引用户的注意力，将用户引导至重要的或想前往的位置。标识是组成导视系统的基本元素，同时也是导视系统的重要成分，二者之间互为表现和揭示。

同时，标识是一种面向大众的信息符号，其以精练的、形象的方式表达文字含义，通过大众对符号的联想、识别、认知等，传达出有

---

[1] 王丽娜，王丽雅，钱晓辉. 北美地区大学图书馆网络服务标识功能研究[J]. 图书馆建设，2016（2）：91-95.

效的知识信息。在图书馆管理过程中标识符号与串联标识符号的导视系统都十分重要，它们是引导人流方向、帮助识别空间的核心要素。图书馆服务项目不断拓展，提供的服务内容不断增加，而对应的人力却在减少，加之用户的自主活动行为在不断延伸，在这种情况下，只有采用醒目的、通俗易懂的导视设计，才能帮助用户快捷、准确地获取信息，进而去往自己想要去的目标空间。另外，图书馆标识符号与导视系统在禁止规定、友情提醒、安全提示、用户规则方面均做出清晰提示，真正发挥了连接图书馆员和用户、连接用户与用户的作用，做到了用户利用与图书馆环境相互协调、相互成就。从审美角度来看，一套成功的导视系统应和图书馆整体建筑相一致、相匹配，从外在与内涵两个角度展示出图书馆的文化与品牌形象。[①]

在图书馆导视服务工作中，标识承担着多种角色：一是为用户提供导航信息；二是向用户传递图书馆服务信息并实现沟通交流；三是向用户展示图书馆的外在形象。[②]图书馆导视系统是图书馆设计中的重要一环，更是视觉与审美设计的核心，导视设计应该具备设计新颖、辩识度高、简约美观的特点且应具有融合多种文化元素的功能。[③]同时，图书馆标识以符号的形式呈现，其易读性、可视性利于向用户传递清晰、简洁的信息，帮助用户有较好的空间定位能力，使其拥有明确的方向感。由于图书馆建筑的复杂性，图书馆标识还能够帮助那些

① 左明刚. 室内环境艺术创意设计 [M]. 长春：吉林大学出版社，2017.
② 陈丹. 现代图书馆空间设计理论与实践 [M]. 上海：上海社会科学院出版社，2020.
③ 陈陶平，赵宇，蔡英. 现代高校图书馆管理与服务探究 [M]. 北京：九州出版社，2018.

不熟悉图书馆空间、不了解图书馆建筑以及不熟悉馆藏资源的用户导航和定位。标识承担着文字表现与信息传达的任务，它除了帮助用户定位外，还有通知、警示或提醒用户的功能。良好与准确的视觉信息能为用户提供利用支持，同时激发他们自主利用图书馆的兴趣。图书馆导视系统能够丰富图书馆建筑环境，丰富用户的视觉体验，能够大大降低用户在利用图书馆时的内心压力，更能够降低用户在需要图书馆帮助时提出请求的不适感。[①]

（2）导视系统

导视系统重点应用在建筑空间中，主要应用在大型商场和超市以及图书馆、博物馆、美术馆、体育馆等场所。导视系统以标识方式展现，通过图形图像、符号、简洁文字等形式与用户建立交流和联系，它是一套依靠"有形"的标识来实现"无声"的导航系统，同时是既简洁又完备的服务体系。依托于建筑空间的导视系统可帮助用户在不熟悉的环境中实现自我定位、自我导航，做到不迷失、不恐惧。导视系统（Wayfinding System）同时更是一个集成性的空间信息体系，它联系与承载的多种标识符号，以文字、地图、符号、图形等作为媒介进行信息传递，依托多样化载体为空间信息基础架构展示导引服务。导视系统的设计应根植于用户的体验与认知思维，帮助用户实现从一个地点到达另一个地点、自由通行的路线设计。在现代社会中，导视系统不应单单是供用户利用的信息导引标牌，更应进一步发展成为公

---

① ［美］安东尼·J·奥韦格布兹，焦郡，莎伦·L·博斯蒂克. 图书馆焦虑理论、研究和应用［M］. 王细荣，主译. 北京：海洋出版社，2015.

共空间建筑的品牌形象①，帮助其所依托的母体在外形建筑与内在空间方面树立友好性与可达性。

空间行为是人们生活的核心，而环境对行为的影响已是被专家学者肯定的理论。"寻路"一词由林奇在《城市的形象》一书中提出，这本书也被认为是寻路研究的重要文献基础。实际上，在用户使用空间的过程中常常以"导航"之义替代"寻路"，在导视实施的过程中，标识牌常常被安置到建筑空间中，以对用户加以指导。现实中常常有人认为，找不到方向或迷失在空间中是使用者的问题，但近年来，主动服务用户的理念越来越被图书馆业内人士所认同，越来越多的研究人员认为良好的导视是稳定用户群、拉近用户与建筑空间的距离、提升用户自信心的重要砝码。②导视系统作为整合环境与人之间关系的重要信息系统，其主要功能是帮助人们在实体空间内完成一整套的移动行为，基于这种存在，导视系统在设计时应具备跨系统的、可持续的、多维表现形式等特征要素，通过利用空间中的各个元素来传递信息。同时，根据不同属性的空间特点，导视系统利用图形图像、色彩字体、地图分布、材质材料等组成元素，通过专业的设计、搭配、规划、组合，形成一套适合本地区、本建筑的特色空间信息体系。实际上，导视系统本质上要解决的问题就是人的寻路问题，这也是导视系统的核心要义。

---

① 欧阳丽莎，夏琳. 导视系统设计 [M]. 武汉：华中师范大学出版社，2015.

② Ching-Lan Chang. Spatial design and reassurance for unfamiliar users when wayfinding in buildings [D]. Sheffield：University of Sheffield, 2010.

（3）图书馆导视系统

导视系统常常以最优路线向用户做出提示，以提高用户利用图书馆的行动效率，而图书馆导视系统越来越成为图书馆建筑空间不可或缺的组成部分，它是指利用图形图像、文字符号、标识与导引牌、空间分布地图等媒介来传递图书馆的空间、资源、服务信息。图书馆导视系统主要包括机构设施标识、馆藏布局标识、方向标识、警示标识、设备设施标识及公共安全标识等多个子系统。[①]从实物角度分类，图书馆导视系统主要包括：方向指示牌、楼层导引牌和分楼层导引牌；各空间功能名称牌、各区域示意图；基于图书馆专业的书刊分类大小架标、安全利用指示牌、温馨提示牌等。在广义上，除上述指导性标识外，图书馆导视系统还包括能够代表地域文化、学校文化的文创产品，如口袋地图、背包、水杯等文创产品。在这方面，阿根廷国家图书馆——马里亚诺·莫雷诺图书馆堪称典范，该馆始建于1810年，位于首都布宜诺斯艾利斯，是阿根廷最大的图书馆，该馆馆名是为纪念思想家马里亚诺·莫雷诺（Mariano Moreno）而命名。为了在图书馆品牌形象方面提升影响力，该馆以征集方式收到了750多份参赛作品，双"M"的LOGO设计在作品中脱颖而出。阿根廷国家图书馆在导视设计上标新立异、突破传统，该馆以立在书架上相互依靠的多本书为图书馆品牌形象的雏形，衍生出贺卡、信封、铅笔、日历、文件袋、水杯等文创产品，这既是图书馆对外形象展示，更是面向全社会的推广营销，这种文化的力量胜过许多巨额的硬件投入。

---

① 李菲菲. 图书馆导视系统设计研究 [J]. 图书馆界，2016（2）：79-83.

总体来说，图书馆导视系统之于用户的作用应是"行走的图书馆员"，能够连接用户并解决用户在利用图书馆过程中遇到的各类问题。

二、图书馆导视系统的作用

1. 审美性

图书馆导视系统的审美性是整个系统设计与实施的关键要素。看似简单的导视标识牌，实际上是设计师思想的提炼与融合，合理的色彩、线条适合的字体、制作精良的造型，既能实现有效导航，又能给予用户足够的审美，这也是图书馆作为教育人、培养人的机构的职责和使命。在这方面，中国科学院国家科学图书馆导视系统体现了极深的审美情趣与意蕴，该馆导视系统的标识符号以抽象的几何形为主题，用两个英文字母"L"双向叠加而成，这种设计在视觉审美上展现了富于变幻、无限伸展的空间意境，具有"科学、逻辑、理性"和信息聚散、科学交流的意义。同时，字母"L"既是"Library"的缩写，又有"Live""Life"的深刻寓意，体现了图书馆与时俱进、无限包容的人本的思想。[①]图书馆导视也可被认为是一种文化、艺术、服务等集合的综合性信息载体，导视系统要紧密结合其所处的建筑环境、建筑空间，优化设定标牌的位置，优化设计图形图像，优选所用材料的材质，优化标牌的制作与安装过程，在标牌更换与可持续使用之间找到最佳契合点。只有在基于设计思维的前提下，才能实现导视系统各个环节间的有效连接、导视内容表达清晰，进而达到导视的展示与利用功能高度统一，从

---

① 朱建彬. 现代图书馆管理艺术研究［M］. 长春：吉林美术出版社，2018.

而打造鲜明、和谐的视觉形象，以使信息传递最大化。因此，图书馆应在导视系统的规范化、标准化、统一化等方面多下功夫。[①]

2. 文化性

自图书馆出现以来，它就是人类重要的文明与文化中心，除了存储图书文献资源外，还是为用户提供信息、帮助用户获取各种知识的重要场所。从导视系统的指导作用来看，图书馆的区域分布、内部空间导视既要明晰，又要准确，具备了这些特征的导视系统能够有效传达图书馆服务信息，使入馆用户能够有秩序地利用空间，自主地获取文献信息资源。良好的图书馆导视系统能从多角度、多视角与用户进行沟通和交流，能够在图书馆和用户之间起到桥梁和纽带的作用，进而成为图书馆标志性的"视觉语言"。

3. 规范性

在当前已实施的中国图书馆的导视案例中，审美性、导航性、易读性等特征体现明显，但是在图书馆导视系统的行业规范方面，却仍缺乏自上而下的、标准的规范。行业规范的缺乏导致图书馆常规服务得不到充分地揭示，尤其是分类标识、静音标识、设备设施标识、开放时间标识、禁令性和提示性标识等，都各自为政、五花八门。这种问题的出现，只有寄托于图书馆行业组织、专家的共同智慧，并借鉴道路交通行业的成熟做法，制定出符合图书馆服务、符合用户心理的导视规范才能解决，以更好地发挥图书馆的服务效能。

---

① 张可欣，王小元. 图书馆导视系统设计研究 [J]. 普洱学院学报，2016，32（6）：23-25.

4. 体验性

图书馆导视系统作为公共场所中重要的公共文化服务设施之一，主要为用户提供良好的体验，因为只有用户满意了，图书馆的服务才达到了目的。事实上，设计精美的图书馆导视系统能够帮助图书馆建筑营造出温馨舒适的空间感与体验度，导视不仅能够帮助用户识别图书馆建筑主要路线和周围环境，还能够帮助用户在审美角度产生视觉的体验与享受。①

5. 包容性

图书馆职责之一是倡导便利使用，倡导多元化，促进包容，促进公平，帮助用户解决问题。图书馆导视系统作为空间建筑极有影响力的信使，使用户在空间环境中进行自我定位、识别方向、规划路线，直至达到利用图书馆的目的，这是图书馆导视系统的终极目标。在全社会包容理念不断推进的情况下，无障碍的导视系统更是一种人文关怀，为图书馆的包容性发展服务提供操作平台。

三、图书馆导视研究意义

1. 国外图书馆导视研究成果

通过在 Web of Science 数据库中设定检索式为"主题=wayfinding"，并且为"主题=signage"或"主题=sign"，语种为英文，文献类别不限。经检索、筛选和处理，得到1005条数据，在数据中导视系统与图书馆

---

① 刘杨子. 公共图书馆导向标识的设计浅析 [J]. 青年时代，2019（3）：290-291.

的关联较为紧密，相关词汇有公共空间、人性化设计、空间设计、品牌形象等。由 Web of Science 数据库得到的结果可知，相关外文文献主要集中在 2016—2017 年，长期以来图书馆导视研究热度较低。但随着近年来中国图书馆建设规模与建设数量均呈现上升趋势，其内部多样化的服务种类与愈加复杂的环境会在一定程度上影响用户利用图书馆的效果，图书馆行业需要从新的服务环境下提出图书馆导视服务的建设策略。

图书馆导视系统的已有研究成果较为丰富，"导视"一词在国外常常表达为"寻路"。自从 1980 年 Pollet & Haskell 编写《图书馆的标志系统：解决寻路问题》一书[1]、1990 年 Kerr[2] 发表数字图书馆寻路文章、1991 年 Eaton 发表学校图书馆寻路文章以来，相似的主题和话题开始引起讨论[3]。此后关于图书馆导视的研究主要有以下方面：

（1）图书馆提供导视服务的必要性

Hahn 和 Zitron 称，"在实体图书馆空间中提供书籍和其他资源的搜索帮助是一项基本的图书馆服务。图书馆的布局可以促进或阻碍这种搜索"，导视服务也完全契合图书馆学家阮冈纳赞的图书馆学第三和第四定律，即帮助顾客找到所需的书（或所需的服务），并节省读者的时

① Herman H. Fussler. Sign Systems for Libraries：Solving the Wayfinding Problem. Dorothy Pollet，Peter C. Haskell［J］. The Library Quarterly，1980，50（2）：252-254.

② Kerr S T. Wayfinding in an electronic database：The relative importance of navigational cues vs. mental models［J］. Information Processing & Management，1990，26（4）：511-523.

③ Eaton G. Wayfinding in the library：Book searches and route uncertainty［J］. Computer Science，1991，30（4）：519-527.

间。[①]在图书馆中寻找资源可能是一项困难且具有挑战性的任务，调查研究表明，学术图书馆可能很难自我导航，学生经常因找不到合适的文献资料而感到沮丧。还有一些关于大学图书馆被冠以批判性的说法，如"坊间称之为迷宫，大学校园内主图书馆的内部空间为用户导航带来了挑战"。实际上，图书馆导视的实施不仅仅是一种设计工作，其提供的服务也是图书馆事业的核心原则，而导视恰是改善图书馆服务的一种手段。

（2）关于图书馆导视系统的术语使用

Pollet & Haskell在《图书馆的标志系统：解决寻路问题》中讨论了关于为图书馆标志选择适当的术语表达，他们重申专业术语应该避免出现在图书馆标识牌中。如果必须选择使用术语，则应该持续地使用下去，避免不断变化而令用户感到困惑。1993年，Boyd[②]表示，像期刊、发行量、参考这类的术语对没有相关背景的用户来说意义不大且易与其他术语混淆。

（3）数字标牌在图书馆导视系统中的应用

2010年，McMorran等[③]解释了如何克服标识混乱问题，通过用一个大型等离子显示系统和几个小型数字相框代替纸质标识来增加与图

---

① Hahn J, Zitron L. How first-year students navigate the stacks: Implications for improving wayfinding [J]. Reference and User Services Quarterly, 2011, 51 (1): 28-35.

② Boyd D R. Creating signs for multicultural patrons [J]. The Acquisitions Librarian, 1993, 5 (9-10): 61-66.

③ McMorran C, Reynolds V. Sign-a-Palooza [J]. Computers in Libraries, 2010, 30 (8): 6-9.

书馆用户的接触。2010年，Barclay等[1]分享了美国加州大学默塞德分校的图书馆中实现数字标牌的做法，同时解释了如何通过规划数字标牌来评价使用效果的评估系统。

(4) 评估图书馆现有导视系统

评估系统包括导视的字体大小、样式和颜色、特有标识、标识牌上使用的符号和图片、位置和安装、术语等，避免用户感到混乱。Harden M[2]和Yeaman[3]讨论了如何评估学校图书馆媒体中的标识，他们的建议是想出一个具有普适性的学习目标，这有助于图书管理员确定每个标识的功能。1993年，Johnson[4]发表了关于"标识恢复的十二个步骤"，分享了评估哪些标识是必要的以及如何为图书馆创建标识的步骤。1997年，Bosman和Rusinek[5]发表了评价用户对图书馆标识的看法的论文。调查反馈让项目负责人了解了从用户角度改善图书馆标识的方法。2017年，Eichelberger[6]介绍阿尔弗雷德·西·奥康奈尔图书

① Barclay A, Bustos T, Smith T. Signs of success: Digital signage in the library [J]. College & Research Libraries News, 2010, 71 (6): 299-333.

② Harden M. Signage and Librarian Perceptions: Assessing the Reference Service Point [D]. North Carolina: the University of North Carolina, 2013.

③ Yeaman, Andrew R J. Vital Signs: Cures for Confusion [J]. School Library Journal, 1989, 35 (15): 23-27.

④ Johnson, Carolyn. Signs of the Times: Signage in the Library [J]. Wilson library bulletin, 1993, 68 (3): 40-42.

⑤ Bosman E, Rusinek C. Creating the User-Friendly Library by Evaluating Patron Perception of Signage [J]. Reference Services Review, 1997, 25 (1): 71-82.

⑥ Eichelberger M, Hagelberger C, Smith S, et al. Signage UX: Updating library signs for a new generation [J]. College & Research Libraries News, 2017, 78 (10): 560-562.

馆在寒假期间与40名大学生进行了标牌评估，着眼于用户如何看待标识以及标识对图书馆各个方面的影响。

（5）馆员参与导视系统建设

2019年，Gardner[①]介绍了美国南卫理公会大学方德伦图书馆进行标牌重建，旨在帮助用户在翻修后实现在大楼内的自我导航，作者在文中以用户体验为指导原则，使用可用性测试方法，馆员参与设计的方法为图书馆大楼设置了高性价比的导视系统。在测试过程中，馆员们发现：①人们不了解基本方向；②图书馆标语≠用户友好；③组织混乱造成体验混乱；④人们利用地标；⑤直到需要时，用户才对寻路感兴趣。针对以上5个问题，提出解决方案。2020年，Jalees[②]提出，图书馆员也可以像设计师一样设计标识，图书馆员和平面设计师有很多共同点，两者都是信息专业人员，帮助用户在特定空间内导航、理解和解决问题。

（6）观察用户寻路行为

2010年，Mandel H[③]为强调公共图书馆理解用户寻路行为和围绕其进行设计的重要性，在南佛罗里达州一家中型公共图书馆的两个入口，对图书馆用户最初的寻路行为进行了暗中观察。观察发现：超过

① Gardner H. A User-Centric Approach to Wayfinding Signage [J]. Public Services Quarterly, 2018, 14 (4): 373-385.

② Jalees D. Design thinking in the library space: Problem-solving signage like a graphic designer [J]. Art Libraries Journal, 2020, 45 (3): 114-121.

③ Mandel H. Wayfinding Research in Library and Information Studies: State of the Field [J]. Evidence Based Library and Information Practice, 2017, 12 (2): 133-148.

75%的用户在进入图书馆时选择了主要路口的路线，这表明入口路线的设置非常受欢迎，图书馆工作人员可使用地理信息系统重新绘制使用频次最高的路线图。之后，图书馆员可以使用那些进入最受欢迎的路线信息，提高空间的导视便利度，并在高流量进入路线上战略性地营销图书馆的资料和服务。

从以上可以看出，图书馆导视服务起源于国外，研究内容包括：阐述图书馆导视服务重要性、导视标牌的语言使用、新技术的应用、馆员参与评估与建设、观察用户寻路行为进行导视与营销服务。国外图书馆导视目前的热点集中于导视评估与建设方面，研究程度朝着深入、精细化方面发展，探索导视服务会为用户与图书馆提供更多机遇。

2. 国内图书馆导视研究成果

国内学者倾向于将导向系统看作导向标识、建筑景观、品牌形象、信息功能的综合体，主要从标识的视觉设计、环境协调和新技术应用等维度进行探讨；国外学者则倾向于研究导向系统不断完善和改进的过程，主要从导向标识的更换、审计评估、用户行为等角度进行实证分析[①]，更侧重导视的服务效果研究。

在中文研究方面：CNKI检索式为主题=（导视系统 or 导向 or 标识 or 标志），语种为中文；文献类型为学术期刊或学位论文。经检索、筛选和处理，最终得到727条数据，其中，中国知网发表的关于"图书馆导视"的期刊论文主要集中在2017年，图书馆与导视系统连接线较粗，

---

① 曹泰峰. 情境认知视角下图书馆导向系统研究［J］. 图书馆工作与研究，2020（10）：68-74.

说明国内图书馆与导视系统研究的关联性较强，但重点集中在图书馆设计方面。

2017年1月，住房和城乡建设部正式发布《公共建筑标识系统技术规范》（以下简称《规范》）GB/T51223-2017公告。《规范》的颁布和实施有利于进一步提升作为公共空间的图书馆的舒适性和体验感。图书馆空间对于用户来说是学习、学术、交流与休闲的文化空间，在现代信息环境下图书馆发展愈加趋向"退书还人"，这样的服务模式实现了用户和图书馆员的分离，实现了用户自主探索、自助利用的格局，而图书馆建筑的复杂性、楼层布局的相似性、书架桌椅的密集性、专业术语的多样性……在一定程度上影响了用户的利用效果。研究旨在通过国内外典型研究成果与案例来揭示图书馆导视作为图书馆重要服务手段之一，在人、空间、资源之间发挥的作用与价值以及中国图书馆在导视服务方面应该进一步完善与发展的策略。

1994年，吴年[①]发表了国内首篇关于图书馆标识的期刊论文。文章提到，图书馆需要创建出一套视觉识别系统，使广大读者能够通过标识符号来寻找利用图书馆资源，这套系统不仅有利于读者使用，更是图书馆形象设计中的基本要素。此后，中国关于图书馆标识与导视服务的研究方向主要集中在以下几个方面：

（1）图书馆导视系统设计与改进研究

2008年，高健婕等[②]将图书馆标识系统称为"视觉语言"，论述图

---

① 吴年. 初论图书馆识别系统 [J]. 图书馆，1994（4）：15-16+19.
② 高健婕，罗兵，燕凌. 论图书馆公共标识与导视设计 [J]. 科学之友（B版），2008（5）：115-116.

书馆导视系统设计已经成为图书馆非常重要的一部分，它与图书馆建筑空间相互协调成为一个整体，阐述了图书馆公共标识、导视系统七大设计原理。2010年，李伟东[1]首次提出了"图书馆标识系统"的概念，讨论了图书馆标识系统的地位、功能、设计原则和组成，提出了三大功能、四大原则和三大组成部分。2016年，李菲菲[2]提出导视系统应采用工程设计、艺术设计、视觉传达设计三者相结合的理念，从导视系统的设计理念、项目建设过程、导视系统组成要素的设计思路三个方面论述了图书馆导视系统的设计。2016年，刘绍荣[3]分析了图书馆开放环境下导视系统的功能和存在的问题，指出图书馆导视系统不仅要有引导和提示功能，还要兼顾服务导向、藏书展示和文化宣传等功能，从图书馆空间导向系统功能的角度，提出了智能导向系统的设计原则、设计步骤和发展趋势。2021年，钟伟[4]在中国公共图书馆导向标识系统的设计中引入了整体规划和管理思想，阐述中国图书馆导视系统忽视了人机工程学原理和特殊群体的需要等问题。在此基础上，从图书馆组织结构和管理体系、标识设置规模、空间定位原则、层次关系、标识设计与人机工程学的关系、人性化设计6个方面提出了解决方案。这一观点也是对图书馆导视研究的新的突破。

---

① 李伟东. 图书馆标识系统探讨 [J]. 农业图书情报学刊，2010，22（8）：165-167.

② 李菲菲. 图书馆导视系统设计研究 [J]. 图书馆界，2016（2）：79-83.

③ 刘绍荣. 开放空间格局下图书馆导视系统的设计与思考 [J]. 现代情报，2016，36（10）：129-132.

④ 钟伟. 公共图书馆导向标识系统设计指标与规范研究 [J]. 图书馆研究与工作，2021（8）：58-63.

（2）图书馆网站标识导引设计的研究

2016年，赵月平①首次提出标识导向设计对于图书馆网站信息的有效获取越来越重要。通过对图书馆网站标识导向设计的研究，促进了图书馆服务中网站信息导向功能的提高，并从标识导向设计的角度提出了网站吸引力和用户访问效率的设计原则。2019年，赵月平②以国内10家公共图书馆网站为例，进一步研究分析了标识导向的应用现状，提出改进网站标识导向元素设置、规范标识导向元素链接设置、建立网站UI设计规范的建议。

（3）图书馆标识与导视系统设计的意义

2006年，郑良光③发表文章称，我国新型图书馆建设进入了发展新时期，但图书馆除了一些简单的公共信息提示外，并没有什么特别之处，大多数图书馆没有意识到其重要性。这种人性化的服务模式是图书馆与用户之间一种无形的交流，在心理层面拉近了图书馆与用户的距离。2012年，赵爱平④指出图书馆标识系统设计的意义及其在图书馆文化建设中的作用，指出标识系统在图书馆的应用不仅可以体现图书馆的文化特色，提高图书馆的文化品位和对用户的人文关怀，还会促

---

① 赵月平，李丹．图书馆网络空间的标识导引现状研究：以10家公共图书馆网站为例 [J]．图书情报导刊，2019，4（5）：20-24．

② 赵月平．图书馆网站的标识导引设计研究 [J]．农业图书情报学刊，2016，28（9）：36-39．

③ 郑良光．图书馆里的温馨提示：标识系统 [J]．图书馆论坛，2006（3）：251-252．

④ 赵爱平．图书馆标识系统与图书馆文化建设 [J]．图书情报工作，2012（S2）：21-25．

进图书馆的精神文化建设。2017年，王丽雅等[1]指出，标识系统应从美育、智育、德育、心理教育、素质教育等方面实现"全人教育"。国外图书馆的标识体系成熟并具有鲜明的特点，包括信息融合的现代标识、文化传承的历史标识、建筑空间的整体标识、视觉教育的设计标识等，重视嵌入式文化传承，以美育理念为基础，体现专业融合和灵活可持续性。

（4）新技术在图书馆标识与导视系统的应用

2011年，林小华[2]在国内首次提出图书馆数字标牌，它是一种新兴的公共信息显示技术和信息传递平台，比传统的视频播放系统具有更多的优势，适合现代图书馆的管理和服务。图书馆引入数字标牌将促进数字化建设，无缝传递信息并适应开放式管理。在数字标牌的建设中，图书馆不仅要考虑信息内容、信息技术和展示环境，还要注意产品类型的选择。2013年，彭吉练[3]提出，为了解决图书馆结构复杂、读者无法及时找到所需资源和服务的问题，提出了一种基于二维码的虚拟位置识别系统，并讨论了该系统的设计与实现步骤。

（5）图书馆标识与导视系统针对特殊群体的应用

2013年，刘玮[4]提出，基于图书馆的社会责任、人文理念和可持续

① 王丽雅，王丽娜，钱晓辉. 图书馆规范性标识系统的育人功能研究 [J]. 图书馆建设，2017（8）：90-94.

② 林小华. 数字标牌在现代图书馆中的应用研究 [J]. 图书馆工作与研究，2011（8）：39-41.

③ 彭吉练. 利用二维码实现图书馆导向标识系统 [J]. 现代图书情报技术，2013（4）：77-82.

④ 刘玮. 盲人图书馆导向标识系统的构建 [J]. 河南图书馆学刊，2013，33（2）：124-125.

发展理念，探讨了面向盲人导视的识别系统。根据盲人的需求特点建立导向系统，方便盲人读者进入和使用图书馆，为盲人读者提供安全保护。实际上，图书馆的用户是多样化的，不仅是视障，还有肢体残疾、听力障碍的用户均需要图书馆纳入到统一的服务对象中来。

（6）馆员参与的图书馆标识与导视系统设计

2018年，肖秉杰①提出现代图书馆要有一套完整的识别系统，这对读者服务的顺利开展起到了极其重要的作用。其研究以广州图书馆为例，介绍了图书馆导向标识系统的合理设计和科学实施。在新馆筹备阶段，成立了一个由专业标识公司和图书馆工作人员组成的团队，负责规划、设计和建造新展厅的导向标识系统，体现了图书馆员的实力。

如上诸多研究成果显示，在服务宗旨和服务的终极目标方面，图书馆导视服务完全符合印度图书馆学家阮冈纳赞提出的图书馆学定律之"节省读者时间"和"图书馆是一个生长着的有机体"。

3. 图书馆导视研究意义

（1）连接人、资源、空间

现任澳门图书馆馆长、曾任上海图书馆（上海科学技术情报研究所）馆（所）长的吴建中提出图书馆三要素：人、资源、空间。②三要素简洁明了地总结出图书馆的基本构成，而导视服务像桥梁般架起三要素。图书馆导视服务犹如指挥棒，指引用户在图书馆空间内寻找所

---

① 肖秉杰. 图书馆导向标识系统的设计与实施：以广州图书馆为例［J］. 农业图书情报学刊，2018，30（2）：132-135.

② 吴建中. 转型与超越无所不在的图书馆［M］. 上海：上海大学出版社，2012.

需资源和服务，将用户指引到资源和空间所在地以满足用户各类需求。无论图书馆在转型中有多大的改变，其核心要素总是离不开人（包括图书馆员、用户及图书馆相关的一切人）、离不开资源（纸质资源、电子资源及其他网络资源等）与空间（学习空间、阅读空间、研究空间、教学空间等）。

（2）告别黑箱

随着我国经济的发展，在重视培养精神文化、倡导书香社会、提倡全民阅读的环境下，一大批新建或改造的图书馆诞生，图书馆空间越建越大，界限模糊，服务内容多层次，对于用户来说新图书馆环境犹如黑箱一般使人迷失其中。[①]这种黑箱效应的出现，主要由于图书馆建筑的复杂性、空间的密集性以及设计的同质化。图书馆要想改变在用户心目中的印象，必须从用户角度思考问题，通过人文性、设计性、可达性的导视系统设计，拉近图书馆与用户之间的距离，利用导视服务作为信息载体，解决寻路问题，让用户轻松使用图书馆。

（3）节省读者时间

"印度图书馆学之父"阮冈纳赞提出的图书馆学五定律中第四条提到节省读者时间。五定律以人为出发点，为用户考虑，导视服务更是在此基础上引申出的具体内容，导视服务以人性化方式揭示图书馆资源，帮助用户高效寻找所需，节省用户时间，建立积极的用户心理，创造良好体验。可以试想，当用户来到陌生的图书馆空间时，咨询台

---

① 阚丽秋.图书馆内部地面视觉标识功能与设计研究［J］.图书馆建设，2020（6）：152-157.

在哪里，是否有勇气去咨询？想找的图书在哪里，是否有信心找到？洗手间应该往哪里走……这些日常的、关乎读者对图书馆第一印象的空间指引与导视设计如果得到图书馆高度重视、认真策划，将大大节省读者的宝贵时间，同时会给图书馆在读者心目中的印象加分。

四、图书馆空间与导视的联系

新时期图书馆导视服务具有重要的价值和意义。传统的图书馆导视体现在用户自行阅读图书馆平面图、楼层分布图以及各类图书馆指南等方面，这种模式服务范围有限，服务手段单一。随着传播载体的不断升级变化，电子导视、网页图标导航等应运而生，图书馆的核心目标是确保所有用户进入建筑空间实现自由体验并感受到轻松愉悦。图书馆服务由"一线"转为"二线"后，拉开了图书馆员与用户的距离，日常咨询、功能分布、设备与技术利用等都体现在公告、网站、文本上，用户只有通过图书馆导视这个最重要、最频繁的接触点，才能快速获得各类信息。

图书馆导视犹如人体血管般存在于图书馆各个角落，除了分布于基本位置，更展示于天棚、地面、墙体等空间，打造空间立体化、多角度、多维化的服务视角。在国内外多个案例中，图书馆导视系统与建筑空间均紧密融合，凡图书馆空间所及均有导视设计的通达，除了依托建筑主体外，书架、期刊架、阅览桌、灯饰灯箱、垃圾箱等也成为导视串联表达的重要依附设施，这种设计保证了导视实施的连续性。

在2021年国际图联（IFLA）发布的20个趋势中，"物理空间的回归、认真对待多样性、满足用户迫切的需求"等，均在管理层面对图书馆导视服务工作开展有良好的指引，这些理念是图书馆导视工作的重要指南。

无论是国际图联举行的"作为第三空间的图书馆"卫星会议，还是"印度图书馆学之父"阮冈纳赞的图书馆学五定律，抑或是吴建中图书馆"人、资源、空间"三要素，都说明了图书馆发展需依势发展和坚持以人为本的服务理念。面对图书馆的功能越来越复杂，面对图书馆的空间大变革，图书馆需要更加重视导视作为营销、推广的重要服务手段，关注用户心理、提升用户体验，使导视成为图书馆在新技术环境下帮助图书馆增值、赋能的重要利器。

图书馆导视与标识具有简便、直观的特点，它消除了语言鸿沟，对环境、资源、服务起到引导作用。导视与标识让"语言"有了形状，让用户可以与图书馆直接对话，强化了文字揭示与服务功能之间的融合。相比之下，我国图书馆的网络标识建设仍处于初期，根据笔者的网络调查，仅有北京大学图书馆、武汉大学图书馆在主页上有关于文献资源、开馆时间、在线咨询等简易标识，大多数图书馆仍以文字形式揭示、介绍本馆的服务内容。

在中国图书馆事业迅速发展、与国际接轨的今天，图书馆行业应思考研究建设统一、规范的图书馆网络标识体系，应当使图书馆行业拥有一套高雅、清晰、饱含文化的网络标识，并在全国范围内广泛推广与应用。在建设中，图书馆需集思广益，在遵循标准、规范的同时，个性化地将本馆文化融入标识设计中，用生动、活泼和具有内涵的方式传递图书馆的实用信息，建设属于图书馆网站的符号文化。

第一章
图书馆导视服务价值内涵

第一节　图书馆导视基本组成

图书馆的导视系统内容覆盖较广，主要包括总楼层索引牌、分楼层索引牌、方向指示牌、功能空间名称牌、室内馆示意图及书刊分类架标、安全指示牌、温馨提示牌、电子信息屏幕等。在设计图书馆导视与标识系统之前，需要深入分析图书馆的结构布局特点和用户行为习惯，按照从外到内、从大到小的顺序进行标识系统的综合设计。

一、总楼层索引牌

总楼层索引牌一般设置在图书馆主入口、电梯、楼梯等必经之地，设计形式为挂墙式或立地式。总索引牌信息全面，包括馆藏资源、空间功能、位置缩略图和图标注释等。此类标牌能将图书馆结构布局清晰直观地展示给用户。

二、分楼层索引牌

分楼层索引牌指示具体楼层的馆藏分布和功能空间，一般设置在楼梯和电梯入口处，以便用户及时了解该楼层的服务内容。分楼层索引比总楼层索引更详细，具体标明总楼层索引中无法标记出的功能内容。

三、方向指示标牌

总楼层索引和分楼层索引指示楼层的功能分布，承担垂直引导任务。方向指示牌安装在图书馆各楼层的主干道，尤其是在十字路口，以指示楼层特定功能空间的方向。方向指示牌通常以双面标签的形式悬挂在空间上方，主要包括内容名称、图标和方向箭头。图标是文字信息的补充，有时图形信息更容易吸引读者的注意力。

四、功能空间名称标牌

图书馆的功能空间包括馆藏资源、咨询室、阅览室、培训室、自学区、行政办公区等，功能空间的名称多为壁挂式，标牌的角度应与交通通道垂直，以便从远处可以看到标牌的内容。

五、室内馆示意图及书刊分类架标

现代图书馆提供开架阅读，用户可以自由浏览借阅所需书籍。然而，考虑到一些图书馆面积较大，即使用户进入借阅空间也会因为不熟悉分类规则无法找到所需的书籍。因此，需要导视系统的引导才能快速找到目标，因而图书馆需要在入口处或适当位置设置资源分布图，在书架侧面安装图书分类号或分类图标，帮助用户锁定书架快速查找所需图书。

六、安全指示牌

图书馆空间中各交通要道需设置安全出口指示。在发生紧急情况或其他情况时，这些安全提示将引导用户疏散到安全区域。同时，需要在主通道处设置消防疏散图。消防疏散平面图根据建筑平面图为用户提供疏散方向。

七、温馨提示牌

在适当位置设置温馨提醒标识，向用户传递友好的提醒和问候，如"请勿大声喧哗""小心保管您的物品""吸烟有害健康"等，在图书馆环境下，提示语言较禁止性语言更有亲和力，对用户来说更易于在心理上接受。

八、电子信息屏幕

电子信息屏是对固定标识的补充，具有更新便利、时效性强的优点。诸如新书发布、讲座讲坛、天气预报、馆内资讯等信息可以在电子屏幕上循环播放。

总体来看，图书馆导视服务主要由以上8个部分组成，揭示出图书馆空间结构、方向方位、资源位置、书目排列及图书馆使用注意事项等。这些服务内容全面细致，条理清晰，涵盖了大多数图书馆导视服务的内容。图书馆是一个对外开放的服务性机构，随着各种因素的变化，图书馆的服务对象也是不断发生变化的。为使来馆的各种类型读者能够更好地利用图书馆，建立一套完整清晰的标识系统是十分必要的。通过这些标识，读者可以对图书馆有一个初步的了解并有利于进一步地利用。

一个完整的图书馆标识系统大致包括这样一些内容：图书馆平面示意图；各个部门指示标牌；帮助读者使用图书馆的指示体系。[①]从汉语语言的规范性角度出发，图书馆导视系统还必须规范使用文字，不可滥用、误用、错用。同时，图书馆的导视系统要根据本馆服务的实际情况不断更新和变化，以避免给用户带来不必要的麻烦。图书馆倡导节省用户时间，因此，错误的、充满歧义的标识会浪费用户的许多时间，这有悖于图书馆的服务准则，这种浪费会在不经意间产生用户对图书馆利用的拒绝率。

第二节　图书馆导视服务价值

一、满足用户需求

需求是人们在一定时期内的某种需要或欲望，在经济学中也有

---

① 王凤，臧铁柱，赵景侠. 图书馆工作实用手册 [M]. 沈阳：白山出版社，1989.

"购买欲望"的含义，粗略可划分为物质需求和精神需求。美国人本主义心理学家亚拉伯罕·马斯洛的需求层次理论将人类的需求分为7个层次，即生理需求、安全需求、归属与爱的需求、尊重需求、认知需求、审美需求和自我实现需求，可以归纳为基本需求和成长需求两大类。[①] 马斯洛需求层次理论是对基本需求理论的完善与补充。列宁在需求理论的前提下又提出了需求上升理论。需求上升理论告诉人们，用户的需求是在不断地变化、增长的，而满足需求的过程，其手段、方式也是随之不断变化、丰富和完善的。用户使用图书馆的整个流程就是一个满足需求的过程，在此过程中，用户的新旧需求可能交替出现。用户需求一般具备下述特征：显性需求与隐性需求并存。[②]

1. 显性需求

显性需求是用户自身能够认知并实际表现出来的需求，例如，寻找资源、空间利用、知识服务、陶冶身心等。这种需求是用户明确的、有目的性的，假设用户知晓一本书的名字，去图书馆书架上找书；用户知晓某一篇期刊论文或学位论文的题目，去图书馆咨询获取与下载；用户想参加一场图书馆组织的活动，或想自行组织一场活动需要利用图书馆的某一空间等，这些都是显性需求。用户的显性需求对图书馆员来说更容易满足。

2. 隐性需求

隐性需求是用户无法表现甚至察觉的需求，例如，功能空间服务

---

① 李珍. 二年级在线阅读用户需求分析：基于 K-mediods 聚类的 DIF 检验 [D]. 天津：天津师范大学，2020.

② 王晨升. 用户体验与系统创新设计 [M]. 北京：清华大学出版社，2018.

的完善性、所需资源的全面性、图书馆空间环境舒适性，不同用户各有其差异性，因此，需求也表现出个性与共性并存的特点。由于用户隐性需求的不明确，导致图书馆与用户间的距离进一步增加。

图书馆导视建设应以用户需求为驱动，用户是图书馆服务的对象，图书馆服务以用户需求为驱动是贯彻以人为本的体现。图书馆存在的意义在于满足用户学习、科研、休闲的目的。来馆用户具有多样性、多层次的特点，用户来馆频率和对图书馆熟悉程度不一，因此用户存在着多种需求。但不论是哪种类型的用户，图书馆都有责任将本馆资源与服务系统清晰地呈现在他们面前，给予他们充分的自主选择权，充分尊重用户，让其在图书馆空间内发挥自我价值，以自我需求为驱动调动自我效能。

二、符合用户心理

人类的心理活动是大脑对客观世界的反映过程。心理活动与大脑的高级神经活动是脑内同一生理过程的不同方面，从兴奋与抑制相互作用构成的生理过程来看，它是高级神经活动；从神经生理过程所产生的映像及所概括事物的因果联系和意义来看，它属于心理活动。[①]

不同的用户对图书馆空间不同环境有不同的认知和感受，再加上用户的教育环境、思维和行为模式不同，表现出不同的心理特征。心理学家一直想确定它们在感知过程中如何协同工作。这种围绕感知的

---

① 张宁，李雪. 用户体验服务模式在图书馆中的应用实践：以国家图书馆数字图书馆体验区为例 [J]. 图书情报知识，2017（2）：33-41.

心理学研究和理论被称为"格式塔心理学"，研究内容是人们自然状态下的直觉和现象学。格式塔心理学认为，人们总是先认识到整体，然后再认识整体中的部分。如果一个格式塔中包含太多不相关的单元，眼睛和大脑会尝试将其简化并将这些单元组合起来，使其成为一个可感知的整体，反之将无法理解或接受。

结合用户利用图书馆导视服务的行为来看，用户感知图书馆导视服务同样遵循先整体、后部分的原则，即先认识导视服务整体构成，后认识其构成中的具体组成部分。在理想状态下，任何类型的图书馆导视服务都会与建筑空间融为一体并带给用户相应的设计与文化氛围感，它通过结构布局、风格、色彩、装修装饰材料等多种因素融合体现。因此，图书馆导视服务建设风格与图书馆的精神文化、地域风情、建筑内外的形态息息相关。因此，建设符合心理预期的图书馆导视服务有利于增强用户认同感，在这方面，图书馆管理者需进一步高度重视，从设计的专业性方面、资金投入的力度方面、用户心理的前期调研方面以及表达图书馆自身特色方面下功夫，充分利用导视表现图书馆的服务理念。

三、增强用户自信

1. 自我价值

自我价值认知建立在他人对自身的认同之上。那些能给个人带来长期愉悦的活动，不仅是因为行为本身，还在于人们对自己表现的满意程度。同时，人们希望有效地完成任务，期待积极的结果。这就是个人追求的成就感和控制感。只有当一个人觉得某种行为可以实现自我价值时，他才会更愿意继续这种行为。具体结合到图书馆导视来说，如果用户本身能够通过导视服务获得充分的信息，提升信息的控制感和个人成就感，用户就会愿意更频繁地生成内容。因此，自我价值会影响用户来馆的意愿。

自我实现作为一种高层次的追求，是对自我行为意义的评价。用户在使用图书馆的过程中，希望通过自我行为实现对图书馆的高效利用，即通过图书馆提供的空间信息系统进行自主操作和自主实现，并在其中获得成就感，获得自我肯定。

2. 自我效能

自我效能感是社会认知理论的核心概念。Bandura将其定义为"人们对组织和实施某些行为以实现预期结果的能力的自我判断"。自我效能的本质在于：①自我效能感强调主体在人类行为中的作用，即"我"是行为的始作俑者；②自我效能感是一种预测意识，属于预期结果的范畴，是对结果行为的预期判断；③自我效能感具有很强的可操作性，因为它是一种自我认知，个体会对符合主观感受的行为产生期望。这是对自我信念的一种考虑，因此它适用于对实际行为做出预测。自我效能感水平决定了人们对各种环境中机会和障碍的认识程度，影响着一个人行为的强度和努力程度，也影响着行为的连续性。

这里提出的自我效能是指对图书馆用户在图书馆空间利用导视服务实现来馆目的能力的判断。研究发现，自我效能感可能会影响用户在使用信息系统时对行为活动、任务付出、持久性和任务绩效的选择。从使用自我效能感的角度来看，自我效能感水平高的用户可能会更积极地使用图书馆，即使在使用过程中遇到困难，他们也会尽力解决问题；自我效能感水平低的用户在遇到困难时往往会放弃或避免使用图书馆。因此，为了使普通用户在馆内调动高水平的自我效能，导视服务的内容和形式需要从用户角度出发，为用户考虑，弱化馆内专业术语，强化贴合用户习惯的描述，形式符合现代化趋势，营造高质量图书馆环境。

四、引领用户体验

用户体验（User Experience，UX 或 UE），这一概念由美国认知心理学家、用户体验设计师 Norman D A 于 20 世纪 90 年代提出并推广，《用户体验国际标准（ISO 9241—210）》把用户体验定义为人们对于使用或期望使用的产品、系统或服务的认知印象和回应，即用户在使用一个产品或系统之前、使用期间和使用之后的全部感受，包括情感、信仰、喜好、认知印象、生理和心理反应、行为和成就等各个方面。在此概念上产生的用户体验服务，最初应用于经济领域，是从服务中分离提取出来的，它通过各种手段实现与用户的互动，创造差异化的感知价值，提高用户对产品或系统的忠诚度。[1]

用户体验设计研究范围涉及产品用户交互环境等诸多因素，可以说，从用户的生理到心理，从产品功能到可用性，从自然环境到社会文化背景，都会直接或间接地影响用户体验的结果，这些因素之间相互关联、相互制约、关系复杂，往往使使用者感到困惑或误解。不幸的是，这些被忽视的因素带来的影响有时可能是巨大的。如何把握众

---

① IDEO 公司. 图书馆中的设计思维［M］. 广州：广州出版社，2016.

多影响用户体验设计的因素？如何平衡其关联影响以达成良好用户体验的目的呢？显然，深入剖析和设计用户体验的关键因素是十分必要的，客观上这些因素也构成了研究用户体验的科学基础。因此，对于图书馆来说，应深入分析影响导视服务的要素，抓住关键因素，系统掌握用户需求和用户心理，理解用户、关心用户、服务用户并增加用户参与率，为用户设计出有良好体验的图书馆导视服务。

五、关注影响因素

1. 产品因素

任何产品都有其核心功能，图书馆导视服务对于用户的核心功能主要有辨明位置、揭示服务、提升效率等。同时，图书馆导视服务的扩展功能如节省用户时间、提升用户使用感等与导视服务相关的其他价值，更能带给用户惊喜。在这些过程中，有实际需求方面的因素，也有感官交互的审美意义和情感体验，以上因素共同作用形成用户在图书馆的体验感，这决定用户最终的"购买"决策，即影响着用户来馆率。

2. 环境因素

环境中各类因素影响着每个人的生活环境，作用于对交互体验的影响上，即使是同样的产品，使用环境的差异也会导致用户体验结果的不同。因此，了解环境的研究方法和交互关联对于开发良好的用户体验设计具有积极意义。人类在环境中开展的各种活动通常首先是有意识的，然后有行为，即人类有意识地开展的行为才具有意义。人类意识行为与环境之间的相互作用产生了个体体验的差异，人类的意识行为与环境之间存在着相互作用，环境会影响人的意识，意识反过来作用于环境，在新的环境中，又会产生新意识。从这个角度来说，图书馆在建设导视服务时需要充分考虑其区域环境、历史发展、文化建设的程度，从区域视角审视自我、精准定位，与图书馆外在建筑和内部空间融为一体，充分实现图书馆自我表达。

图书馆所有的服务均需以提升用户体验为准则。目前，从社会文化发展来看，越来越多的人开始重视环境体验，包括装饰装潢、装修风格、家具舒适度等。图书馆是区域精神文化传播的重要组成，提升馆内体验环境是必要的。导视服务设计作为图书馆环境的重要组成部分，同样承担着美化馆内环境的责任。因此，图书馆导视服务在方便用户利用资源的同时，为美化馆内环境助力，为用户提供一场良好的图书馆体验之旅。

六、营销图书馆服务策略

图书馆导视服务应以揭示图书馆资源为核心，导视服务的具体内容包含图书馆空间布局、各类服务资源及服务内容导航，根据目前图书馆空间的多元化特征来看，这样的空间会令多数用户感到困惑，由于不了解服务内容和变化，用户可能会在进入图书馆时感到不知所措。因此，为解决用户的困惑，图书馆需要提供导视服务，能够让用户简单清晰地了解图书馆服务内容和具体操作，以便轻松地使用图书馆。

图书馆导视形态不仅限于实体导视，还有网络导视，对以移动访问为主的用户来说，更多的是线上访问。因此，网络型的导视与标识尤为必要。试想当一个人外出游历某个国家，在语言不通、交流不便的情况下，标识符号会代替语言帮助其解决遇到的各类问题。2022年4月，美国ICE发布年度留学生报告：中国留学生人数接近35万，2021年赴美留学生十大来源地中，中国留学生人数超过印度、韩国、加拿大、巴西等居榜首。由这组数据可以看出，标识已经成为沟通人与世界、人与空间的桥梁和纽带，标识的设计过程也与人们阅读图像的思维过程相符。标识的视觉形式所呈现出的画面与周围的物体十分相似，人的视觉在识别图形时会产生一种本能的直觉反应，大脑在感知图形时就不需要再对其进行转化。一些心理学实验表明，简单轮廓画可能对跨文化传播的直接认知有所帮助。有实验显示，人的大脑看到标识解意的速度比看到文字解意的速度要快一些。标识能起到提高利用图书馆的效率和增加读者使用舒适度的作用。[1]因此，图书馆管理层需进一步重视导视建设工作。

网络标识是图书馆网站的重要门户，是用户利用网站的重要抓手，可以说，网络标识也是一个图书馆网站的点睛之作。图书馆作为社会的公共文化服务机构，其用户利用频次高、访问量大，尤其在居家学习与线上办公期间。同时，随着国际化交流不断增强，图书馆网站也以多语性呈现，以满足不同国别、不同文化的用户需求，在图书馆的虚拟空间中，完备的服务导视系统、清晰的服务标识图标会给用户足够的亲和力并为用户带来极大便利。近年来，跨国性的科研学术交流不断增多，通用性的、跨语言的图书馆网络导视和标识，能够解决广

---

① 王丽娜，王丽雅，钱晓辉.北美地区大学图书馆网络服务标识功能研究 [J].图书馆建设，2016（2）：91-95.

大留学生在利用图书馆网站过程中遇到的诸多问题。在图书馆网络导视这方面，比较有代表性的图书馆有美国哈佛大学图书馆及其分馆、加拿大多伦多大学图书馆、美国加利福尼亚大学洛杉矶分校图书馆及其分馆、美国斯坦福大学图书馆等，这些图书馆网站的导视和标识以其多语性、形象性、符号性，为来自世界各地的访问者带来便利。图书馆导视更加趋向于国际化发展。

日本京都女子大学图书馆阅览区以开放式呈现，书架区不同以往那样与桌子区分开，而是将阅览桌嵌入书架中，设计师融合了标识、书架、阅览桌，标识采用与书架侧面护板同质的木质材料，使它们融为一体，产生舒适的视觉效果。该馆平面图在划分各区域方面使用了4种颜色，每个颜色代表一个固定区域，这种信息传达通俗易懂。更值得一提的是，设计师依托该馆全开放式楼梯结构，灵感突现，将各楼层序号以超大字体放于每层护栏的玻璃上，使上下楼人员一看便能知晓当前所在位置和想去的楼层位置。在书架区，立式的、相互之间独立的图书分类导视牌具有充分的可拓展性，即设计师和图书馆员能够根据图书类别多少、图书增减等对每个导视牌进行增加和减少，这种设计使导视牌具有极大的灵活性。另外，日本京都女子大学图书馆用标牌方式显示每个空间的使用情况，例如使用时间、使用人数、使用方向和使用单位等，方便其他用户进一步使用和预约。总之，该馆的导视与标识设计方式既是图书馆对用户的指导，同时也是图书馆面向公众的自我营销。

第二章
图书馆导视存在的问题

当前，一些图书馆导视系统存在一定的问题，主要表现在：一是对导视工作建设重视度不够，大部分图书馆管理者未能意识到导视系统作为图书馆服务手段之一的重要性；二是缺乏系统的规划与设计，信息多以分散的告示和展板代替，导视系统与图书馆建筑未能同步竣工，导致后期实施时匆忙上马，致使导视与建筑空间的违合感增强；三是图书馆员参与度较低，导致图书馆专业性服务揭示不足，使信息的可获得性受到影响。

为了解我国各省在图书馆导视服务的经费投入情况，笔者调研了三大招标网站，分别为中国采购与招标网、中国招标投标公共服务平台、采招网。利用爬虫工具对以上3个网站进行数据抓取。由于3个网站中招标信息众多，因此对检索条件进行了限制，具体限制如下：①限定检索词：图书馆导视、图书馆标识、图书馆标牌；②区域范围：全国；③筛选范围：标题搜索；④时间：2005—2020年；⑤类别：招标采购。基于以上设定，在3个网站分别抓取数据37条、80条、804条，共计921条数据。经过整合与筛选，最后保留309条有效数据。通过处理，分别进行了2005—2020年全国图书馆发布招标数量和2005—2020

年全国各省份发布招标数量的分析。首先，从时间段分析，2005—2020年，全国范围内发布招标书的数量呈现递增趋势。尤其是2017年，增长率达到64%，此后2018—2020年图书馆导视服务招标书均保持较高数量，说明中国图书馆对于导视系统资金投入力度不断加大，不断重视导视服务，这为用户创造了良好的使用环境和体验。其次，从各省份来看，2005—2020年，发布招标数量较多的省份为广东、浙江、江苏、山东、河南，发布数量较少的为内蒙古、宁夏、青海、陕西、黑龙江。分析可知，经济相对发达或发展势头较好的省份对图书馆导视系统建设资金投入力度较大；经济一般的省份对图书馆导视系统建设资金投入力度较小。最后，从分析数据来看，图书馆导视方面的招标情况与地区经济发展状况呈正相关。说明图书馆导视服务的资金投入与经济发展状况息息相关。因此，倡导各省份在经济发展范围内重视图书馆导视服务。对于欠发达地区，可采取较发达省份帮扶经济一般省份的策略，提高经济一般省份地区用户的图书馆导视服务质量，提升用户体验，创造良好的精神文化环境。

第一节　图书馆导视服务重视不够

一、建设规范缺失

纵观国内各馆，普遍存在管理层对导视系统建设不够重视的问题，与图书馆建筑同时竣工的导视系统更是鲜见。现实中，指导用户的标识仅限于馆藏分布图、楼层与服务指南，提供方式多以标牌、展板、告示板、单页通知为主，用来解答用户常见问题，对于用户的全面性、持续性引导能力较弱。在标准规范方面，我国图书馆在导视方面还不尽完善，目前只有公共图书馆建设标准（建标108-2008）在"总体布局与建设要求"的第二十六条中提出：公共图书馆的交通流线组织应畅通便捷，主要出入口人、书、车要分流，标识清晰，科学组织读者、图书和工作人员交通流线。藏书库、采编用房及书刊出入口的书流通道宜与读者人流通道分开布置。要设计应对突发事件的安全疏散路线。这种规范更着重于建筑安全，在图书馆服务方面有待深化。而实际上，图书馆管理层需意识到，导视系统是一种强大的传播媒介，它有着极强的服务影响力和信息传播力，它宛如图书馆建筑的血管引导着用户，使图书馆更有生机和活力。[①]

二、建设工程滞后

在图书馆建设过程中，建筑施工、装饰装修、家具布局等都是较为常见的工程，但很少有图书馆将标识与导视系统列入图书馆预算、图书馆规划和建设日程中。笔者走访过国内多家图书馆，多数缺乏图书馆提出需求、用户参与意见、建筑师设计方案、厂家制作实物、图书馆后期维护等流程。缺乏标准与规范的导视系统，必将给用户带来

---

① 李姝睿，王丽娜，苏欢. 图书馆标识与导视系统的规范化建设研究 [J].河南图书馆学刊，2020，40（11）：107-108.

信息困扰、浪费用户时间，在某种程度上影响图书馆的服务效果。

实际上，图书馆导视作为图书馆建筑的血管脉络，应该与实体建筑的落成同步，或者更优于实体建筑的落成而置于建筑前期设计过程中。只有这样，才能将用户意见征集并融入其中，将图书馆员的思维、专业知识、日常工作技能加入其中，而不单单是设计师的审美视角形成的艺术品。

第二节　"利益相关者"参与度较低

一、图书馆员参与度低

在当前中国图书馆导视系统建设中，图书馆员游离于导视系统设计之外是各馆普遍存在的问题。图书馆员作为图书馆的智力支柱，其角色是将用户与信息联系起来，图书馆导视能够帮助图书馆员实现这一目标，但在实际工作中，图书馆员常常被排除在导视设计与实施之外，更多人认为导视是设计师、规划师的工作。实际上，从理念揭示方面、信息表达方面，图书馆员对用户心理的了解、图书馆员的工作经验完全在导视工作的范畴，图书馆信息的有效揭示需要图书馆员广泛参与这项工作。

同时，从信息角度分析，图书馆员和设计师在导视实施过程中存在共同点，他们均通过一定的检索途径或信息途径帮助用户在实体空间内实现自我导航、获取服务和自主解决问题，图书馆员基于对用户的日常观察，能够帮助设计师在思维层面、服务层面实现对图书馆服务的有效揭示。

二、用户意见征集不足

在许多图书馆实体建筑内，存在着很多不标准、不规范的标识，如出入口标识、制止标识、卫生间标识等，五花八门，标识制作者没有遵循已存在的国际和国内标准，缺乏信息的可辨性和规范性，这就导致标识信息不被用户接受。

笔者对中国采购与招标网的中标公告进行调研，从中得知，2016—2021年，全国先后有几十家图书馆进行图书馆导视招标工作，代表性图书馆包括燕山大学图书馆、河北工程大学图书馆、南方科技大学图书馆、北京语言大学图书馆、深圳福田区图书馆、南京理工大学图书馆等。查看其招标内容发现，这些图书馆的招标项目多为图书馆的指示标牌制作、导视设计与环境美化，项目实施以设计公司的人员为主，实施过程鲜有用户参与，缺乏导视调研、设计、实施、评估的迭代过程，比如前期对用户的意见征集、中期观察测试用户的反应、后期进行迭代性的完善与优化等，因此，导视设计与用户体验之间有脱节现象。

为避免发生脱节问题，著名设计师雷姆·库哈斯认为，图书馆在进行任何一项设计之前，均需首先了解图书馆管理者、图书馆员、用户及其他利益相关者的需求，这样才能使设计产品完美地契合用户要求，这种思维在美国西雅图中央图书馆的导视建设过程中体现得淋漓尽致。目前，从我国图书馆的导视建设情况来看，图书馆与其他公共空间、文化场馆等的导视建设同质化明显，主要功能表现在方向引导上未能突出图书馆导视的服务性、专业性、文化性。

三、弱势群体考虑不够

作为物理空间，图书馆需要在实体上对那些对实体访问有需求的残障人士开放，因为图书馆建筑不仅仅应该是可访问的，还应该传达这一点信息——具备可达性，通过清晰的标识及标识处在显眼的位置等措施，能够在包容性方面实现无障碍服务。在可达性方面，图书馆导视系统同样需要考虑到无障碍因素。

聋人设计师伊莉斯·罗伊声称，可访问的设计是最好的设计。这位设计师有这样的观点：在完成一项设计时，如果首先想到为残障人士设计时，就经常会偶然发现解决方案不仅是包容性的，而且通常比预想的标准设计得更好。国际图书馆协会联合会（IFLA）倡导图书馆管理者要加强对残障用户的重视，并提出，许多改进并不一定需要大量资金，解决办法通常可以通过转换思维和视角来实现。[①]

现有图书馆导视系统在面向残障用户时的服务能力还有不足，对弱势群体的支持服务不够。国家统计局、国务院第七次全国人口普查领导小组办公室在2021年公布最新统计的全国人口总数为14.1178亿人，根据中国残联最新统计的数据，我国现有残障人总数为8500万，

---

① Simmons E M. Accessing Library Space: Spatial Rhetorics from the U.S. to France and Back Again [D]. Michigan: Michigan Technological University, 2018.

约占全国总人口的6.21%。可以设想，在出门时平均每遇到的16人中就有1位是残障人，这样的数据需要引起图书馆管理层对包容性服务的重视，并需要意识到图书馆导视系统对残障用户的紧迫性和必要性。

目前，我国图书馆导视系统在设计过程中，大多从身体健全的人的角度出发，以丰富的视觉信息为主，服务对象缺乏对听障、视障和其他弱势群体的同理心设计。因此，在今后的设计中，图书馆可以考虑植入盲文字体、超大字体以及色彩对比清晰的个性化标识符号，满足更多用户的需求，充分展示图书馆的包容性、社会性。[①]

第三节　图书馆导视与用户利用割裂

一、导视与图书馆服务分离

笔者调研了中国采购与招标网、中国招标投标公共服务平台、采招网三大招标网站，得出了近几年图书馆行业的导视系统招标情况。经统计，发布的图书馆中标单位均为导视与标识的设计公司，这些公

---

① 张可欣，王小元. 图书馆导视系统设计研究 [J]. 普洱学院学报，2016，32（6）：23-25.

司主要从文化、环境、审美角度制作导视系统和服务标牌，而对图书馆导视系统鲜有基于图书馆员思维的揭示和挖掘，更鲜有用户参与意见、自主体验的前期调研。因此，在一些图书馆产生了用户利用图书馆时称图书馆为"迷宫"的批判性的观点，这足以说明图书馆空间对于用户的复杂性，导视与图书馆服务的剥离体现在当下的图书馆环境中。在对一些读者调研的过程中，也经常会发现读者对图书馆标识牌、通知公告等理解不清晰，图书馆想传达的信息或是认为读者应该知晓的信息并没有按既定预想传递给读者，导视作为图书馆服务手段之一的目标没能完美发挥作用。

同时，部分图书馆在指导用户服务的过程中虽然具备了导视系统，并且其标识的数量也不少，但其内容却表达不够充分，信息品质不高，必要的位置、必要的路线上没有显示必要的指导信息。虽然有方向指引，却极其简单，没有基于设计感、基于用户审美的规范的图书馆平面图或楼层分布图。实际上，在读者进入图书馆的过程中，如果没有这种标识做指引，就需要读者自身具备行动能力与判断能力，这对读者来说是一个巨大的挑战，更多的时候，可能因为读者对图书馆导视服务的不满意而离馆。

二、图书馆专业术语成为屏障

图书馆是一个历史悠久、特色鲜明的文化服务机构，自从18世纪初德国学者施莱廷格首次提出"图书馆学"以来，图书馆就通过专业发展和职业演进衍生出众多术语，如用于图书排架的架标、层标、书标，区分图书身份信息的分类号、种次号、条形码，传统阅览室中的样本室、参考室、采编室等，均是图书馆业内的专有名词，是图书馆员在长期工作中的交流语言。更重要的是，图书馆学是一门专业性很强的学科，许多专业术语缺乏良好的揭示能力，不能为普通用户所理解，以图书馆分类法为例，《中国图书馆分类法》《中国科学院图书馆图书分类法》等数字+字母、数字组合的编号方式对广大用户来说，枯燥的类号会影响资源的查找，会产生一定的拒绝率。澳大利亚维多利亚州迪肯大学用简单易懂的图形标识牌为用户解决了这个问题，该馆以象形方式设计了11个图形，分别代表艺术、文学、社会科学、民族学、自然科学、技术应用科学、期刊、计算机与信息科学、语言、哲学与心理学、法律。整套设计基于复杂而系统的图像，具有较高的辨识度。

三、图书馆导视信息过载或歧义

图书馆书架林立，为了定位图书资源，图书馆员在每个书架侧面张贴了架标、分类号、分层类号等，对用户来说是一种考验，符号和信息密集的标识也会导致信息过载，因为从某种意义上说，标识可被认为是用户筛选信息的过滤器。Boyd曾提出为图书馆专业术语选择恰当的标识，强调图书情报专业术语应尽量避免出现在图书馆导视系统中，如确需使用应以用户能够理解和接受的设计方式传达信息，消除标识理解的难度和歧义。实际上，图书馆专业术语非常复杂，比如流通、典藏、电子资源、数据库、样本、复本、参考咨询、科技查新、文献传递及馆际互借等对用户来说都十分陌生，即便对那些缺少图书情报专业背景、跨学科专业而从事图书馆工作的人来说，有时都难以理解、区分、领悟。由于目前图书馆导视系统尚无统一的标准规范，各馆标准相对独立，所以，去专业化的图书馆导视设计势在必行。从遵循人体工学角度、人们认知习惯角度，图书馆可以设计出更人文、更符合用户体验的设计成果，可以依据信息登载的标准、文字信息表现标准、公共图形符号、地图、色彩等视觉元素标准等，实现图书馆导视的有效传达。①

---

① 张可欣，王小元. 图书馆导视系统设计研究 [J]. 普洱学院学报，2016，32（6）：23-25.

第三章
图书馆导视系统建设与应用

第一节　国内外图书馆导视应用案例

一、基于总分馆统一的标识模式

纵观北美地区，大学图书馆使用网络标识的现象较为普遍，这些图书馆拥有着设计新颖、理念超前、技术专业的标识设计公司和制作团队，于是形成了精致、成熟、生动且饱含策略的图书馆网络标识系统。在视觉主导的理念下，这些网络标识极具表达性和极高的辨识度，有助于国际间图书馆的使用与互通。这些标识主要可概括为开放指南、空间导向、辅助服务、资源服务等几个方面。

美国大学图书馆大多数拥有几个、十几个甚至几十个分馆，每个分馆的建筑风格不同，各有特色，如何将每个分馆清晰地呈现在用户面前，各馆可谓独出心裁、用心良苦。为了充分向用户展示图书馆的特色，美国有多所图书馆将建筑楼体以简约设计图形式呈现，令人叹为观止，这里以加利福尼亚大学洛杉矶分校图书馆、哈佛大学图书馆、北卡罗来纳州立大学图书馆等为主要代表案例作以介绍。

加利福尼亚大学洛杉矶分校图书馆共有74个分馆，读者根据个人喜好、使用需求，可以筛选出符合个人学习要求的图书馆；哈佛大学图书馆有近百个分馆，哈佛大学图书馆主页的标识设计更加丰富与形象化。在网络导视方面，哈佛大学图书馆在主页列出了72个分馆的开放时间与服务设施介绍，其下各个分馆也分别在主页上列出了本馆提供的设备设施和空间类型，方便用户在线浏览后并选择使用。其中，以Countway Library of Medicine最具代表性，该馆设计了18种服务标识，主要标识含义分别为：允许带入宠物、饮料售货机、扫描仪（黑白/彩色）、打印机（黑白/彩色）、检索终端、安静学习空间、零食贩售机、WIFI服务、拷贝/复印、电子阅读器出借、缩微文献阅读、团队学习空间、视听音像空间、休闲区、会议室、笔记本电脑使用区、iPad外借等。其他分馆主页还设置了独创账户、笔记本专用电源、自行车存放处、有线电视播放间、研究独立间、咖啡吧等网络标识。

北卡罗来纳州立大学图书馆历史悠久，服务设施完备，由于面向的服务对象范围较广，因此，该馆对空间的设计、规划十分细致，对应的空间分类与指南也做得生动形象。北卡罗来纳州立大学图书馆共有35个分馆，以其中的"学习区（Places to Study）"为例，网络标识从左到右、从上至下分别为：绝对安静区、休闲沙发区、群体讨论区、独立学习区、大桌子区、通宵开放区、可存物品区、站立学习区（从方便用户使用便携式电脑的角度考虑）。初步统计，其中绝对安静区4

个、通宵开放区 15 个、大桌子学习区 19 个，等等。每一次按条件筛选，用户都会获得"学习区"的实景图，这种做法给用户以充分的选择权。北卡罗来纳州立大学图书馆设置的舒适家具区和站立学习区充分表明，该馆真正将人性化、个性化、舒适化服务理念进行到底。

二、基于用户审美的色彩与字体应用

美国西雅图中央图书馆的阅览室用红色、紫色地板自然地分割成了不同的区域，馆内步行楼梯两侧是红色，自动扶梯运用了耀眼明快的荧光黄色，在运动中增强了流线感。特别醒目的是，某层门厅和走廊的连接处被红色渲染得热烈而生动，极大地增强了视觉的跳跃感①，仔细阅读，封面上尽是国内外经典文学中的段落，让用户行走于文学长河之中。同时，大字体也在西雅图中央图书馆内被大量应用，导视效果明显，冲击力强。在该馆阅览大厅的不锈钢围栏和工作台侧面上印有"Living Room""Check-in""Check-out""Shop"的大字标识，这种清晰醒目的标识让所有到馆读者能在第一时间找到咨询、借还和文化购物区，自然而充分地表现出都市图书馆作为公共空间的多样化功能。如今，大都市图书馆已不单是读者阅读学习的空间，也成为读者工作、自修、交流咨询、休闲的多功能型的公共文化场所。在蒙特利尔、上海等地的图书馆，近些年均开辟了创新性空间。②

---

① 王丽娜，钱晓辉. 图书馆建筑设计理念与实用功能分析 [J]. 图书馆建设，2013（2）：66-67.

② 王世伟. 面向未来的公共图书馆问学问道 [M]. 上海：上海社会科学院出版社，2020.

　　我国香港多所高校在网络标识方面设计极为用心。香港理工大学图书馆的网络导视标识主要是依靠颜色进行划分，通过图书馆内展示的地图也可以看出，小组讨论室在地图中用明亮的黄色标出，安静学习区则用与讨论室颜色区分较为明显的浅绿色表示，对于电梯、卫生间、无障碍设施等基础设施，图书馆也有鲜明的标识在图中标出，方便用户能够迅速找到。香港城市大学图书馆主要是依靠颜色作为导视标识，供用户自主区分和选择，图书馆在地图中按紫色、蓝色、红色、绿色、黄色和橙色将图书馆划分为6个区域，各区域中有相应的空间和设施供用户选择。香港大学图书馆线上地图中的导视标识是按照颜色进行区分的，卫生间、电梯、紧急出口这些基础设施都是用蓝色进行区分，多功能打印机等学生需要的设施则是用醒目的荧光绿在地图中标注，方便用户在地图中找到，字典架等书架设备在图中则是用棕色标识出来的。纵观香港地区高校图书馆，其在导视设计上、满足用户心理方面更加细致、更加人性化。

三、基于图书馆形象的网络标识设计

　　在加利福尼亚大学洛杉矶分校图书馆网站上，主页左侧按服务设备、学习空间、便利设施、建筑功能等设置选择类目。以Powell图书馆为例，该馆网站上展示的标识含义分别是：可存取访问计算机、Bruin Card办理机、教室、协作中心、彩色打印机、信息共享空间、复印区、联合讨论室、独立学习区、移动设备外借、投影仪/大屏幕、休闲区、打印复印区、公共检索区、绝对安静区、诵读区、研究辅助中心、自助借还服务以及校园内网计算机等。加利福尼亚大学洛杉矶分校图书馆网站的标识以形象的方式表明了该馆所提供的服务项目，让读者一目了然，方便其选择服务项目所在的区域和分馆。同时，图书馆主页上设置的筛选条件和复选框，迎合了用户个性化需求，使图书馆实时服务状态一目了然，能够清晰地引导读者的使用去向。

美国田纳西大学图书馆成立了信息技术办公室，专门解决用户对空间利用的多样化需求，在该办公室主页上，设计了信息存取、计算机实验室、移动设备实验室、培训教室、软硬件空间、教育空间、学习分析空间、研究支持空间等，这些空间均使用了形象的标识符号，方便用户了解与选用，大大节约了用户的访问时间。这一做法很符合图书馆学五定律之一"节省读者时间"，可见，图书馆的任何服务工作均遵循着图书馆学的经典定律。

在空间设施标识方面，哈佛大学图书馆为各个功能空间设置了专属标识，准确形象地展示了空间特点，使读者更清晰图书馆的布局分类及设施资源，如打印机的位置、使用规则、咖啡店的位置等，这种标识符合用户的情境需求，既节省了用户的浏览时间，又增加了愉悦体验。在网页的空间推广中，哈佛大学图书馆还专门为各个空间设计了形象的标识，从易读性、内涵表达上，彰显了图书馆作为实体建筑的亲和力，方便用户一目了然。

香港中文大学图书馆空间标识完善，在网站上公布的安静阅读区、博士生研读室、教员研读室、24小时研习室、教学研讨室、小组研讨室等名称链接前，均辅以形似的图标，方便用户在浏览中快速获得想要的信息。在香港科技大学图书馆的网页标识中，针对不同的区域也有相应的简明易懂的标识让用户明晰该区域的功能，这样的标识既增加了可识别性，也可以拉近图书馆实体建筑与用户之间的距离。香港科技大学图书馆导视标识也较为完善，在其主页列出的学习区、小组学习室、教学空间、线上会议/面试练习区等名称前，均辅以标识符号形象，这种设计充分展示了图书馆设计的用心。香港浸会大学图书馆的网络导视标识采取了一种具象化的展示，不仅能够让用户快速了解更多区域的布局和拥有的设施资源，如打印机的位置、饮水机的位置，还增加了用户的愉悦体验。香港浸会大学图书馆制作了对应的空间标识，在网页的空间推广中，彰显了图书馆作为实体建筑的亲和力，方便用户一目了然，该馆导视标识有学习区、打印复印区、多媒体站、检索机、电梯、饮水机等。从香港岭南大学图书馆的网络标识能够看出标识的设计不仅选取了不同的、鲜明的颜色进行划分，同时在标识上面配有相关的插图，比如在公共电脑的标识上绘制有电脑简约符号，这样可以帮助用户更直接地明晰该区域的功能，增强用户与图书馆各区域之间的联系。我国香港地区高校图书馆不仅重视资源服务，更重视空间、导视系统对用户的体验性，从实体空间到网页设计，均融入了图书馆员与图形设计师的理念和思维。

四、基于区域与本馆文化的营销

美国西雅图中央图书馆将其馆名"Seattle Public Library"醒目地印在入口处，是一种特色营销手法。更有创意的是，西雅图中央图书馆文献并没有像传统图书馆那样按类别和楼层分隔，而是将所有文献统一地放置在5层连续、整体的空间内，并将其类号写在5层斜坡的地面上。读者根据这些编号，能够很快找到所需的文献。而这些文献的编号在专门的计算机上能够很容易检索到，并且在各层的电子屏上也有显示，以方便读者到达目标层。最值得一提的是，西雅图中央图书馆将"文化"写在墙体和地面上，在最下层的国际阅览区中，使用了印有世界各种文字的木地板，每块地板上所印的文字是其原版图书中的第一句话，这种创意让各国文字与文化的融合更加顺畅，这更是导视系统与文化结合的重要表现。

香港中文大学深圳校区图书馆更是充分体现了中国传统文化元素。该馆采用了中国传统建筑中的飞檐设计，天井、中庭等许多中国元素被大量应用。图书馆外形为了采光用了多面体扭曲的形态，采用了静音地板，各阅览区铺设了各色地毯，在空间设计上保持"有窗的地方都有景"的理念，临窗均摆放有书桌，学生们在埋首阅读之时，偶尔抬头，一定能看见窗外的风景。这种自然与文化的结合，是受许多读者青睐的。

香港中文大学图书馆有多个功能区，图书馆为每个功能区设计了专有标识，这样既方便用户快速到达所需区域，又能帮助用户通过该区域的图示清晰了解空间功能，例如：安静学习区上的静音标识、信息共享空间的设备标识、禁止饮食饮水的标识、创客空间的利用指南标识及图书馆网站上各类资源的分类标识等，均能够让用户在浏览的一瞬间就能知晓这个区域的功能和使用规则。现代图书馆在发展进程中，越来越注重人本理念，节省用户时间，拉近与用户的距离，图书馆在竭尽全力服务着具有多样化需求的用户。

香港岭南大学图书馆导视标识包括学习区、公共电脑区、检索咨询区、多功能文印区、媒体工作室、绣花机、激光切割机、3D打印机与扫描仪及其他各种指南等。在该馆主页上的空间分布栏目中，标识清晰、简约、明了且通俗易懂，标识设计保证了其颜色与网站风格统一，网站的趣味性增加了与用户的互动性，用户在浏览中可快速从文字中发现各项标识及所代表的含义。同时，该馆把图书馆用户一些常用服务项目例如电子资源、资源推荐采购、预约设备设施、虚拟/增强现实及媒体制作等都制作了专有标识。该馆使用了座位预约系统，例如：绿色代表可预约；黄色代表用户的当前预约；红色代表不可预约。该馆主页的服务导视与标识均有专门的设计，为用户带来愉悦的访问心情。

纵观各国图书馆，一直以来，美国、加拿大等国家十分重视图书馆导视系统的设计和应用。其中，最以美国西雅图中央图书馆为代表，该馆经过多次用户调研、召开会议、实地走访线路、精心设计、后期完善等，实现了实体建筑与导视系统同步竣工，获得了良好的利用效果。由此可见图书馆导视系统前期规划的重要性。

第二节 图书馆导视建设要素

一、导视的引导性

"空间指挥"是对导视服务的形象化描述，导视服务意义之一的指引恰如指挥家一般挥动指挥棒引导用户前行。用户进入图书馆时，便开始跟随导视服务的"指挥棒"找寻所需资源、找寻所要去的空间。

卢森堡国家图书馆拥有超过180万种纸质出版物，该馆采用了模块化标识牌设计，由独立的小型立方块构成信息组件，标识具有识别性和代表性。该馆最具创新的地方在于设立了多处导视杆，与传统标识牌不同的是，导视杆由多个立方块构成并可以随意转动方位，能够根据馆内变化实时调整方位。矗立于图书馆内的导视杆分布在馆内各个位置，包括大厅、廊道、书架旁、电梯侧，在任何用户可能需要的地方，完美诠释了空中指挥的生动形象。该馆楼层布局导视牌采用黑、白、红三种配色的立方块组成，导视系统体现出极简主义风格的视觉语言。其中，红色代表功能空间的方向和重要信息；黑色代表楼层信息；白色代表各楼层具体资源和空间信息。通过合理的颜色搭配，将标识牌内容直观、清晰地传达给用户。

实际上，标识不仅有实物形式，还有虚拟形式。随着VR技术日渐成熟，图书馆也将这种技术带给了用户。VR技术（Virtual Reality）名为虚拟现实技术，是一种综合应用计算机图形学、人机接口学、传感器技术以及人工智能技术等，使人在模拟环境中感知自然环境的高级人机交互技术。VR技术应用于图书馆创建出VR全景图书馆导视系统，是数字化图书馆的形式之一，VR全景图书馆导视系统将OPAC图书管理系统中的书目信息、借阅信息录入VR全景图书馆导视系统，用户登录系统可查询所需图书，导视系统可通过OPAC指引用户和图书馆管理人员找到当前图书的位置，同时利用VR技术对图书馆空间进行三维展示，让用户直接感知图书馆环境，身临其境般感受与真实借阅图书一致的效果。

VR全景图书馆导视系统以虚拟形式完成指引作用，让用户实现在家就能参观和浏览图书馆，这种技术创建了图书馆信息资源的外延，对实体图书馆的形式进行补充，与实体图书馆、数字图书馆、虚拟图书馆共同联合发展，也为用户提供多项选择。[①]

二、导视的审美性

美国图形设计大师Rand P曾说，设计绝不是简单的排列组合与再编辑，它应当充满着价值和意义，其说明道理，去删繁就简，去阐明演绎，去修饰美化，去赞美褒扬，使其有戏剧意味，让人们信服你所言。正如设计审美一样，它是一种感情，是一种喜悦和愉快的感情。这种愉悦感来自身心与能力的和谐运动，令人感到一种恰然恬静、左右逢源、轻柔流畅、游刃有余的自由。

宁波诺丁汉大学图书馆和日本高知县梼原町立图书馆异曲同工，将森林的自然特征带入导视设计，给予用户享受自然的审美体验。宁波诺丁汉大学新图书馆的原址是一片森林，为了延续这一片森林，设计师将森林以另一种形式呈现在大学的师生面前。宁诺社团的同学在鸟类观察展览中汲取了灵感，从34种校园鸟类中挑选了4种作为代表新馆每层楼的"原住鸟"。例如：四楼导视牌分别以黑色、绿色、蓝色、橙色为主色调，并且每层其他标识牌都与这层主色调保持一致，让用户清晰地判断自己在哪一层，减少迷失的障碍。除每层特别的主

---

① 张宁，李雪. 用户体验服务模式在图书馆中的应用实践：以国家图书馆数字图书馆体验区为例 [J]. 图书情报知识，2017（2）：33-41.

色调之外，主框架使用原木色，配合营造森林之境的感受，给用户带来愉悦的审美体验。

日本高知县梼原町立图书馆建造于2017年，图书馆楼高3层，地下东面以玻璃为外墙，既可投进自然光，也可与自然景观相连接。梼原町有91%是森林地，因此，设计师结合本地特色，选用木料作为基础材料，以原木色为主色，辅以低纯度的白、蓝、绿等组成导视系统。因为图书馆图书种类繁多，所以使用五颜六色钢制立面支架，将书架进行详细分类。钢制立面书架制作高度为30厘米，制作成书目分类号数字形状，同时标注图书类目名称，竖立于书架正上方，方便用户快速寻找。在书架的侧面使用白色标识板，详细列出存放书目的一级分类和二级分类。同时，书目分类号使用清新明亮的绿色，并在一侧镂刻出树叶形状，结合森林环境营造出舒适、安逸的阅读气氛。

三、导视的易读性

易读性是指利用图形、图片、图像等方式削弱图书馆专业术语，方便用户利用图书馆，拉近用户与图书馆的距离。程焕文曾提出，图书馆的主要价值包括资源价值和社会价值两个方面，信息资源、空间资源、文化资源是图书馆资源价值的基本要素，自由与平等是图书馆社会价值的根本。①图书馆导视服务遵循易读原则，提供人性化服务，连接图书馆资源价值和社会价值。世界范围内常用的图书馆分类法有多种，包括《杜威十进分类法》《国际十进分类法》《美国国会图书馆

---

① 程焕文. 图书馆的价值与使命 [J]. 图书馆杂志，2013，32（3）：4-8.

图书分类法》《冒号分类法》《中国图书馆分类法》《图书分类新法》等众多方法。[①]专业的分类方法对于图书馆员来说，是简洁明了的分类标准，而对于普通用户来说则是令人迷惑的字母和数字。用户面对这些不熟悉的分类标准常感到陌生与困惑，无形中增加了心理压力。

澳大利亚迪肯大学图书馆将传统的图书分类号用象形的图形来表示，拉近了图书馆与用户的距离，同时，用色彩来区分图书馆各个楼层，并在LOGO 设计中植入校名，所有导视标牌采用蓝绿色、橙色、紫色三种颜色，在色彩搭配上符合设计与审美，也使重点区域、主要服务功能更突出。迪肯大学营销手段时尚，图书馆利用图像作为分类标识，形状为顺时针旋转90°后的"D"字形，代表迪肯大学，二者结合既体现出本馆品牌文化，同时给用户一种亲近感，拉进图书馆与用户的距离，体现人性化服务。

四、导视的融合性

融合性是指将多种独立元素融合于一体的表达手法。图书馆导视服务中常包含多种元素，而融合常常使服务性变得更为高级。西雅图中央图书馆将文化与历史、审美与实用、人性与服务融合为一体，用户体验感极佳。整个建筑空间内，文化气息体现在图书馆的每个角落。在图书馆入口处，地面上印有"Seattle Public Library"标识。在文字设置方面，各功能区服务台采用格式统一的字体，让人感觉气势恢弘

---

① 刘经宇，刘桑耘，刘耕. 实用图书分类 [M]. 哈尔滨：哈尔滨工业大学出版社，2001.

且系统清晰。①一楼地板上由混合11种语言文字的软木地板构成，仿佛让人们走在文化与历史的长河中②，感受历史根基与文化灵魂的交融。

在色彩运用方面，西雅图中央图书馆各层扶梯采用亮黄色，醒目又具有指引的效果，并且在侧面标注"电梯"字样，无论上行还是下行，都在电梯的出口指明了即将到达的区域名称或方向，不同的空间采用不同的颜色也是西雅图中央图书馆的一大特色。例如，会议室采用全红色，并配以曲线，营造出一种神秘的氛围，楼梯和地面局部也是采用红色。整体来看，黄色的扶梯、红色的廊道和充满现代气息的单色家具，让整个空间瞬间变得灵动起来，不仅对用户来说是极为独特的体验，同时也增加了空间的活泼感。令人感到惊讶的是，各楼层序号用巨大的阿拉伯数字表示，仔细观察，楼号其实是由英文文章组成的。

在文化服务方面，除了英文，西雅图中央图书馆的官方网站还有中文、俄文、韩文、西班牙文等界面，并在Facebook、Twitter、You-Tube、Instagram、Pinterest和Linked In等社交平台上都有自己的主页，方便图书馆开展网络宣传，并与用户进行实时互动。

西雅图中央图书馆将色彩、文化与服务运用得恰到好处，成为行业榜样，为其他图书馆提供了良好的学习范本。

---

① 王丽娜，钱晓辉. 突破 重塑 延伸：西雅图中央图书馆功能深度探究 [J]. 山东图书馆学刊，2014（4）：74-76.

② 臧航达，寇垠. 文化场景理论视域下公共图书馆空间建设研究 [J]. 图书馆学研究，2021（2）：24-29.

五、导视的故事性

故事是对历史文化的一种记忆行为，通过讲述故事能够再现历史、传播文化、传递正能量的价值观。而图书馆作为一座城市的地标建筑，是城市文化的重要表现形式，同时也是这座城市历史故事的宣讲人。图书馆的重要职责和使命就是社会教育、传播文化、提供各类服务。《联合国教科文组织公共图书馆宣言》规定，使图书馆本身成为城市文化的重要部分，是城市文化存在的形态，图书馆对提高人们的思想、科学、文化素质发挥着重要作用。[①]

因此，图书馆与城市文化不仅有着表层的物质文化关系，而且有着深层的精神文化关系。了解城市文化，人们首先想到的是文献记载，地方文献便是其一。地方文献是城市文化变迁的重要文字记载，这些记录着与城市有关的文献资料，恰恰被图书馆收藏和保存着，并为有需要的人们免费提供服务。相比文献资料上的文字，图形图像的展示与传播更有魅力，后者更易于被广大用户接受，在这方面加拿大卡尔加里市中央图书馆给图书馆界树立了榜样。

加拿大卡尔加里中央图书馆2018年11月投入使用，该馆位于艾伯塔省卡尔加里市，设有9个功能区，该馆堪称图书馆导视系统与标识设计的典范，建筑主体外立面由模块化的玻璃六边形组成，这种造型延伸到方向标识的六边形，到墙面壁纸的六边形，甚至到图书馆各区功

---

① 张彦静，曲晓玮. 公共图书馆推动城市文化建设的实践与思考：以佛山市图书馆为例 [J]. 图书馆论坛，2012，32（4）：67-71.

能牌的六边形，足以说明导视系统的一致性、连续性、延伸性的重要。在全馆标识的颜色上，使用了橘、黄、棕、蓝色，前三种属于暖色调，另用蓝色作为对比色，使标识整体倍显活泼，从色彩搭配原则分析，橘、黄、蓝色的明度相同，因此，使用对比色也不会感觉突兀。图书馆不仅是资源之所，更是文化之地，文化育人应无处不在。加拿大卡尔加里中央图书馆的大架标，以"卡尔加里的故事"为背景出现，每列书架是这个城市的一个故事、一段缩影，历史图片中嵌入图书架标类号，既能让用户识别馆藏布局与资源分类，又增加了当地人们对卡尔加里市图书馆这个地标建筑的认同感和位置感。该馆每个书架侧面的不同颜色、图形，提醒用户不同的图书分类，避免了普通文字架标展示的枯燥。每一张展示在大架一侧的故事背景由馆员与导视设计师从众多丰富的素材中挑选而来，充分向用户展示卡尔加里中央图书馆的发展过程、艾伯塔省历史变迁以及区域文化进程。

第三节　图书馆导视建设原则

一、"少即是多"原则

在建筑设计专业中常常有这样的话：Less is More，即：少即是多。这种观点在导视系统中也应用较为普遍，意为使用最少的标识表达最多的内涵，这也是导视系统设计的首要原则。在馆舍空间里，图书馆要抵制用标识将空间填满的诱惑，因为每增加一个不必要的标识，或标识不够精练，或不足以表达信息，都会把歧义、困惑、纷扰转嫁到用户头上。西班牙 Vicente Aleixandre 图书馆导视系统采用统一的设计手法，运用斜线及互补色增强视觉冲击力，馆舍内部空间装饰以白色为主、辅以木色，整体简洁纯净，色彩丰富融洽。该馆导视系统中的斜线打破了家具的直线，强烈的互补色（如：红与绿、黄与蓝）应用在白色为主的空间，突出了光影与透视效果，增强了标识符号的可见度和作为环境装饰的艺术性。

日本白河市立图书馆导视系统简约而立体，从馆外草坪上竖立着的馆名到阅读桌上的提示牌，从区域标识到各类服务指南，均使用正三角形实木标识牌，原木颜色符合用户的审美标准，三角形的多维设计既美观又环保，同时有利于用户从多个角度看到指示信息，"以人为本"的理念体现在每一处设计中。

德国斯图加特市立图书馆通体灰色楼宇，馆内白色书架、白色扶栏贯穿各个楼层，形成极简的设计风格。同时，宜家家居模式的书架、阅览桌椅配以蓝色的极简标识，给用户以高度清晰、高度清新的感觉，用最少的语言传播了最多的内容。另外，该馆将英语、德语、韩语等多种语言的图书馆名称高悬于楼体侧面，十分醒目。

二、多视角多载体原则

葡萄牙里斯本知识馆的阅览室书架采用黑色架体、白色护板的搭配，别出心裁的是书架侧面不规则地分布着各种字母，细心的读者会发现这些字母组合在一起就是葡萄牙语的"图书馆""探索"等，通过字母的不同，读者可以很好地区分书架位置，有利于查询图书。

巴西一家图书馆采用了电子墨水的标识牌，图书架标、房间功能都得以充分显示，比如：某个空间被谁预约、使用时间多长等。该馆之所以采取电子墨水展示标识的想法，一是避免实物标识的较为昂贵的制作费用，二是电子墨水的标识易于更换和节能，除了显示预约时间、预约人、房间号、房间名称，还有可容纳人数的形象 LOGO，这份导视设计引发了用户极大兴趣。

在信息技术环境下，元宇宙等必将成为图书馆展示、推广等服务的重要手段，这些技术如果能够与图书馆导视系统紧密整合，一定能将导视的服务性、审美性发展到更高层次。

三、用户中心原则

"以人为本"已成为图书馆的服务理念，用户的感受更是图书馆体验服务的最好反馈。如果用户不知如何到达想去的地方，那么，无论多么出色的建筑都将黯然失色。因此，建筑设计师和图书馆员需要共同创建一个系统来帮助用户完成导航。对众多用户来说，易读性是首要的，这样能够增强自信、节省时间；对图书馆来说，标识的易变性是首要的，这样能够与时俱进、优化成本。良好的图书馆导视系统能让建筑灵动起来、增加美学律动，进而拉近人与图书馆建筑的距离。

图书馆导视系统不仅包括实体型，还包括电子型和网络型，导视系统建设应充分借助于技术，实现多形式、多渠道表达与推广。美国俄勒冈大学图书馆将图书馆平面图放到主页上，以不同的颜色明晰不同的区域，用户选择变化，平面图也随之变化。美国佛罗里达州公共图书馆利用GIS绘制了百余条到达某一资源区域的路线，其中，75%以上的用户选择了前面10条线路，该馆馆员从这些线路中选择了人流量最大的线路，沿途设计了导视系统，实现了图书馆服务和利用的广泛推介。在技术环境下，图书馆导视系统的实现变得更加容易，技术驱动下导视系统的发展可借助多样化的计算机软件、切割设备、输入输出设备和喷绘技术，使其得以完美呈现。

　　图书馆导视系统是一项需要前期调研、中期设计和实施、后期完善和改进的体系化工程。在图书馆导视系统建设前，图书馆员需要向设计师、规划师等提出如何使用图书馆服务的重要信息，需要反复测试、研究以找出精准的服务需求，以便更好地实现这些需求。在这一过程中，可采用用户调研法，抽取样本适量，选取一天中几个时间段，一个自然年中几个代表月，必要时邀请代表性用户或志愿者参加。美国西雅图中央图书馆导视系统建设是许多图书馆值得借鉴的样板。该馆先后进行了1次随机用户调查，3次标识符号的用户意见征集，1次代表性用户的正式访谈，4次有关导视系统的财务、资产管理和后期管理会议，4次产品设计、视觉设计和辅助功能会议，4次数字策略会议，4次实施计划会议等。①

　　在数字时代，用户会发现图书馆比以往任何时候都更加复杂和令人困惑。即使是经常光顾图书馆的用户，也需要导视系统来提醒他们新的服务和变化。2018年，哈佛大学图书馆向读者发放阅读护照，护

---

① Kuliga S F. Exploring Individual Differences and Building Complexity in Wayfinding: The Case of the Seattle Central Library [J]. Environment & Behavior, 2019（5）：622-665.

照包括图书馆地图、资源分布、机构分布等，旨在激发用户通过拼图来探索图书馆的空间和馆藏，以此了解图书馆服务，进一步帮助用户探索和发现知识，这也是该馆导视系统的一部分。

四、设计思维原则

图书馆导视系统需精心设计并良好地植入图书馆建筑中，在信息竞争日益强烈的当下，图书馆空间应优先考虑成套的导视系统，而不是让位于其他分散的广告信息。图书馆导视系统应具备清晰性、连续性、可视性、整体性，具有高度的识别性和易读性，能够节约用户时间、传达准确信息，能够增强用户审美、愉悦身心，优秀的导视系统能够做到事半功倍，节约人力成本，这种做法既让图书馆工作人员节省了许多回答问题的时间，也能帮助用户自主解决经常遇到的问题。

用户的定位与利用需求为图书馆导视系统的建立提供了契机。导视系统策略中需要融入建筑语言，从图书馆角度出发，首先要关注的是用户如何在建筑环境中定位和选择路径，这不仅需要明确导视系统中的必要信息，还要有建筑师、设计师共同建立一个由颜色、比例和材料等构成的导视结构，以使导视系统无缝地集成到图书馆的空间架构中，以增强导航利用。导视系统的设计原则应是不遮挡视野、不阻塞走向，能够创造视觉和谐、追求整体质量。随着建筑个性化设计的驱动，图书馆建筑标新立异，内部环境变得更加复杂，人们需要不断增加知识和辨识能力，而导视系统是建筑的关键血脉，帮助疏导人流方向。

第四章

图书馆导视系统实施策略

　　基于以人为本的图书馆导视系统的研究，国内外有多位专家在不同方向阐述了不同的观点。用户参与式设计（Participatory Design，PD）这一理论最早出现在北欧国家和地区，一开始的概念和"设计"之间不具有很强的联系性，侧重于"参与性"方面，经营人员基于用户的想法，尽可能在进行制订的阶段中融入用户的想法。[①]以用户为中心贯穿于图书馆服务工作的全过程，随着图书馆不断转型发展，图书馆空间设计与导视设计也逐渐从"以用户为中心"向"用户参与设计"的方向转变，在"以用户为中心"的设计中，用户通常是被动的，设计主要以设计者的思维假设或思考，用户没有充分表达想法和意愿，用户在项目的设计中仅参加了被访问的过程，设计者、研发人员、图书馆管理者仍处于主要地位，用户最终的、深切的想法并未得以体现。而用户参与设计则更体现了图书馆对于用户意见的充分尊重，扩大了用户的参与性，保护了用户的创新力和创造力，在这一过程中，所有参与者与管理方都是

---

　　① 从"以用户为中心的设计"到"用户参与式设计"：participatory design 理念及其应用（上篇）［EB/OL］.［2020-03-15］. http://www.woshipm.com/pd/25072. html.

公开表态、平等交流，保证了从设计前期、实施过程、运行测试、后期完善与优化的过程均有用户意见的融入。[①]Mark、Amy 认为图书馆的导视是有生命的，应随着图书馆的自我改造活动而活动，他们提出了一套充分考虑用户偏好的图书馆导视设计方法，包括制定工作路线、导视政策，进行部门沟通、用户参与，规划导视标识分布以及创建新导视。[②]Mandel 提出了一种清点和评估导视标识的标准化方法，让人们可以依据图书馆间的数据对比来制定细化的导视设计指南，提出可基于类型、用户量等指标来推导导视标识最优数量值的公式。[③]Mandel 还以 Passini 的寻路概念为指导，通过对中型公共图书馆入口区域的用户寻路行为进行调查，探究了寻路行为与导视系统、时间等要素之间的关系。[④]剑桥大学图书馆 Futurelib 计划中的 Tracker 项目聚焦于微观空间，通过让用户佩戴数字眼动设备完成既定任务来获取用户的行为和习惯信息，并针对每个场馆提出个性化设计和导视标识设计方案。[⑤]

---

① 查海平，袁曦临. 基于价值共创的图书馆空间再造用户参与设计研究：基于马里兰大学 McKeldin 图书馆用户参与式设计案例 [J]. 新世纪图书馆，2020 (12)：73-78.

② POLGER M A, STEMPLER A F. Out with the Old, In with the New: Best Practices for Replacing Library Signage [J]. Public Services Quarterly, 2014, 10 (2)：67-95.

③ MANDEL L H, JOHNSTON M P. Evaluating library signage: A systematic method for conducting a library signage inventory [J]. Journal of Librarianship & Information Science, 2017, 51 (1)：150-161.

④ MANDEL L H, LEMEUR K A. User wayfinding strategies in public library facilities [J]. Library & Information Science Research, 2018, 40 (1)：38-43.

⑤ Cambridge University Library Futurelib innovation programme [EB/OL]. [2021-04-18]. https://www.lib.cam.ac.uk/futurelib/tracker-project.

国内也逐渐开始关注高校图书馆的导视标识设计，但与发达国家相比仍存在一定差距。国内许多高校图书馆的导向标识虽然在功能上也能满足使用者的基本需求，但在设计理念、视觉传达、文化植入、空间融合等方面都存在明显不足，无法建立用户与图书馆空间的深层联系。①以武汉理工大学图书馆新馆实景为例，开展图书馆新型导视设计研究，全面介绍VR全景技术与导视设计相结合的图书馆导视系统设计应用，以360度全方位实景呈现的方式，实现全景漫游并直观、真实地显示场景全貌。②有学者采用用户体验评价模型并以学生视角对北京邮电大学沙河图书馆的导视系统进行评价调研，以问题导向思维、以用户现实需求开展不同层面的导视系统设计，以期用图书馆利用频次最高的大学生群体视角摸索出大学图书馆导视系统规划与设计的新思路，进一步完善与优化导视系统和图书馆在空间服务方面的设计。增强现实（Augmented Reality，AR）利用图形图像设备抓取现实中的真实场景，通过视觉处理实现虚实结合，以满足用户不断变化的需求。AR将提取到的数据转换到电子设备上完成数据模拟，再用视觉辅助设备头盔、眼镜、移动终端等，实现虚拟信息和真实世界相互叠加，帮助用户打造一个与真实空间情境相一致的真实世界，实现情景交互。目前，这种技术在图书馆导视系统中应用广泛。③导视系统作为图书馆

---

① 韩放，徐静，张路. 融合校园文化的高校图书馆导向标识设计探析：以大连理工大学图书馆书架标识为例 [J]. 艺术与设计（理论），2022，2（5）：52-54.

② 裴超. 图书馆VR全景导视系统设计应用研究：以武汉理工大学图书馆为例 [J]. 艺术市场，2022（5）：118-119.

③ 陈哲. 增强现实技术在图书馆导视系统设计中的视觉应用研究 [D]. 武汉：武汉工程大学，2018.

复杂空间的重要组成部分，图书馆将导视系统与人工智能技术融合，实现虚拟现实、增强现实等融合与应用，这完全符合图书馆技术发展轨迹，这种融合对图书馆数字化、图书馆创新性、图书馆智慧型发展大为有益。[①]实际上，导视系统隶属于信息传递，信息传递有3个环节：一是传达人要把信息翻译成接受人能懂的语言或图像；二是接受人要把信息转化为自己能理解的解释；三是接受人对信息的反应，再反馈给传达人。因此，图书馆导视系统在设计过程中也需要遵循这些原则：一是明确图书馆导视系统的设计目的；二是明确实现目标的方法与途径；三是构建用户在使用后反馈信息的渠道。只有这些先期条件满足了，才能进一步开展图书馆导视系统的设计与实施。[②]

第一节 坚持建设过程管理

一、尊重用户意见

图书馆管理者需要意识到，导视是一个强大的传播媒介，与更高调、更有价值的电子和印刷媒体相比，具有同样的影响力，甚至有更

---

① 郝琳琳. 人工智能技术在公共图书馆导视系统中的应用：以南昌大学图书馆为例 [D]. 南昌：南昌大学，2020.

② 刘绍荣. 开放空间格局下图书馆导视系统的设计与思考 [J]. 现代情报，2016，36（10）：129-132.

大的营销力与传播力。图书馆在导视服务工作开展过程中，需将思维从"为用户设计"到"用户参与设计"，再过渡到"由用户设计"的理想状态。

Mandel H为回应公共图书馆理解用户寻路行为和围绕其进行设计的重要性，在南佛罗里达州一家中型公共图书馆的两个入口，对图书馆用户最初的寻路行为进行了不引人注目的观察。发现超过75%被观察到的顾客在进入设施时选择了不到四分之一的路线，这表明某些进入路线非常受欢迎。图书馆工作人员可以使用地理信息系统绘制最流行的路线图，统计用户选择哪些进入路线的信息，以便在高流量路线上战略性地营销图书馆服务内容。这种来自用户行为的真实调查，有利于图书馆制作出符合用户需求的导视路线。

图书馆管理者们发现，采用以用户为中心的视角虽具有挑战性，但进行人种学研究对于做出满足用户需求的明智设计决策更加重要。因为，这种形式的用户研究可以相对快速地以低成本实施，只需观察用户的实际操作即可。基于人种学观察的方法是系统的、谨慎的、高效的，成本低廉，用笔记、素描照片、原始视频片段记录下来的方法能够收集到真正有效的用户需求。

二、评估与迭代优化

建筑施工、装饰装修、家具布局等都是图书馆建设中较为常见的工程，但很少有图书馆将标识与导视系统列入图书馆建设规划和预算中。笔者调研国内多家图书馆后发现，有相当一部分图书馆没有标准、规范的导视系统建设和规划，缺乏用户需求调研，导视系统设计不完善，后期维护不力，既给用户带来信息困扰，浪费用户时间，也在一定程度上影响了图书馆的服务效果。相较之下，一部分图书馆已经开始重视标识、导视规划的积极作用，重视导视服务工作以及效益评估。

图书馆在导视服务过程中，制作标识牌之前需要对目前标识牌的状态进行初步评估，然后进行一些实验确定其去向。起点是对原有标识的现实评价，了解旧的标识未起到预期作用的原因。"软"终点是对新的标识的迭代评估，以便更好地满足用户的需求。之所以说"软"终点，是因为标识牌的制作不会一成不变。这是一种很自然的现象，因为"图书馆是生长的有机体"，并将继续随着人的发展而发展。

在纽约城市大学史坦顿岛学院图书馆重新设计标牌的案例研究中，设计者详细介绍了标识牌的建议，从所使用的语言样式到用于制作的材料，再到安装标识牌时要记录可能浏览此类资源用户的看法。在后期标识评估中，设计者分析认为：尽管人员流通量有所改善，但其中标识牌起到的作用仍然难以衡量。

如上所述，标识牌的影响力很难精准衡量。但作为花费大量时间和精力来管理图书馆空间的馆员最清楚如何减少不必要的工作量，并利用用户的反馈来解决问题。毕竟，标牌是图书馆员的延伸。但是，精心设计的导视系统不会永远保持它的高效性。图书馆将一直处在动态发展当中，因此需要不断进行迭代来再次解决新问题。

此外，随着语言、技术、审美和用户习惯的变化，图书馆迭代标牌信息的方式也将随着时间而产生变化。因此，设计师和图书馆员需要开放设计思维，不断进行标识牌更新工作。随着实践的发展，这些过程变得更快了，但图书馆员需要对自己作为图形设计师的能力充满信心，创出更多解决方案。

三、树立"图书馆员+"理念

在传统认知中，图书馆员的角色被固化为查找图书、查找论文、科技查新、检索数据库以及解答用户咨询、宣传图书馆服务项目、开展阅读推广服务等，实际上，在长期与用户接触的过程中，通过观察，图书馆员更加能够了解用户的需求、知晓用户的心理。特别是在图书馆导视建设方面、在图书馆专业术语与标识的传达如何完美契合这一问题上，从事图书馆职业工作的馆员更有发言权。因此，近年来，在国外图书馆导视建设案例中，更注重了馆员的参与，使图书馆员与图形设计师一样表达思想与观点。

在图书馆员参与导视建设工作这方面，我国广州市图书馆走在前列。该馆在新馆建设的筹备阶段就成立了一个由专业标识公司和图书馆员组成的团队，双方人员共同负责规划、细节设计、用户调研、图书馆服务理念融入等，通过相互交流、相互切磋，实现了新馆导视系统源于用户、服务用户的目标。广州市图书馆的团队合作，既体现了图书馆员的智慧输出和专业能力，更彰显了设计师的专业审美与包容开放。

《图书馆中的设计思维》一书中提出鼓励图书馆员用设计思维的心态看待问题，勇于面对未知事物，大胆尝试，充分发挥自己的创造力。因此，图书馆提倡馆员与代表性用户参与或主导导视系统设计这一过程，从理念上，这是一种图书馆行业的创新性行为。众所周知，在整个导视系统的设计团队中，没有人比图书馆员更清楚地了解图书馆的空间设计、内部构造以及用户在利用图书馆过程中的那些服务痛点。在发展与服务中，图书馆只有邀请代表性用户作为图书馆实际使用者，并对这些用户赋予发表意见的权利，才能让用户主动、积极地发现问题与表达需求。因此，导视设计团队中加入图书馆员与代表性用户有利于提高图书馆导视系统设计前期调研的全面性，能够保证意见的充分征集。

第二节 坚持多元学科融合

一、技术支撑

用户对于图书馆的利用，越来越趋向于审美性、移动式、富媒化，简约的设计、精准的信息传达、舒适的视觉感受，可避免用户因心理困惑而产生的自信缺失，还可避免因导视不佳而降低后续的到馆率。印度一家图书馆开发了librARi程序，是基于增强现实的导视应用，它允许用户搜索书籍与增强现实互动。图书的位置是通过增加指针在物理空间上指定的。这款应用还可以找到相关书籍，用户可以再次通过指向来定位。用户通过手机或平板电脑等进行检索，定位到图书架位与架层，直至找到某书。增强体验可以进一步扩展到智能眼镜，在阅读时给人一种自然的互动体验。

近年来，AR、VR技术在图书馆中也有应用，用户实现了虚拟体验，这些技术实现的虚拟环境对图书馆实体导视是有效的补充。在虚拟现实技术的支持下，图书馆可以深度揭示图书内容和信息，比如作品内容和成书背景、作者简介和其他作品以及作品间相互关联等，通过拓展延伸激发用户阅读兴趣以提高图书利用率。在 VR、AR 等场景下，用户通过手机等移动设备，借助地理信息系统（Geographic Information System，GIS）实现查找图书、定位图书等快捷利用。

二、美学植入

图书馆导视系统与美学息息相关，因此其设计需与美学、人种学、生态学、环境行为学等紧密整合，通过多学科性表达来实现尊重人的行为特征与人的心理需求，这种以人为本的理念更符合图书馆的核心服务理念。例如，主要标牌摆放的位置、用户的入馆路线、人群分布特点等，均需要图书馆事先做出设计与考证，只有用户满意了，用户从审美上接受了，图书馆导视才实现了服务与营销的结合。

卢森堡国家图书馆导视系统是典型的美学植入代表案例，图书馆空间设计了许多大型平面板块，这为导视展示提供了足够的空间。同时，大开放、多跨越、通透性好的开放式空间使用户只需最短的时间就能快速了解远处的信息，使导视极具趣味性、探索性。Bibliotheque（图书馆）以超大字体被设计成多个模块的组合，以满足图书馆的各种需求。在这套导视系统中，视觉语言以极简主义形式出现，黑白调色板、红色的连接，创造出无比清晰、连贯的图视效果。[1]

---

① 赵双. 日本高校图书馆空间的嬗变及启示［J］. 图书馆，2019（9）：60-66.

图书馆导视系统的造型和颜色要体现图书馆整体性认知，与图书馆的整体品牌形象相一致，与图书馆建筑风格相统一。设计要符合一致性原则。日本武藏野美术大学图书馆新馆独立书架导视牌功能性得以充分显现，这种设计简约大气，图书分类号以鲜艳的色彩、明显的字体方式呈现，用户从美学角度能够迅速获得信息。同时，这种标识的美让用户有一种要浏览全部标识的想法，特别引人入胜。[①]

审美教育是图书馆的教育内容之一。用户无论是到馆利用，还是通过线上访问图书馆的APP、网站，均可时时接触到图书馆的空间设计、环境布局，而与这种审美教育紧密相连的就是图书馆导视服务，它不仅能帮助用户找到所需服务，更能够提升用户对图书馆服务的理解，并在这一过程中学会欣赏，进而提高个人审美能力。

三、富媒营销

Kine Halland为迪肯大学图书馆进行导视系统设计，他通过图形、曲线和色彩烘托了图书馆的室内设计，导视系统的设计理念基于迪肯大学徽标上回旋的D形，所有的设计元素都以此为基础，营造出整体视觉效果。对于不同的分区和楼层使用不同的配色方案，3层楼分别有三个主色，分别为蓝绿色、橙色、紫色。人们能在图书馆内毫不费力地找到方向。基于复杂而系统的图像设计，整个设计使用的基本图案都具有很高的辨识度，且有着一致的整体效果。迪肯大学图书馆将纸

---

① 王雪婍，丁山. 导视系统设计在当代的应用 [J]. 美术教育研究，2018（22）：48-49.

质资源划分为艺术、文学、社会科学、民族学、自然科学、技术应用科学、计算机与信息科学、语言、哲学与心理学、法律等，其中"法律"用天平、"语言"用对话框来表达，着实令人眼前一亮，既易于用户理解图书类目，又拉近了图书分类知识与观者的距离。[①]

用户对图书馆服务的体验度也是图书馆导视需要考虑的，这一点悉尼科技大学图书馆的做法堪称典范。该馆利用设计思维方法来改善实体图书馆空间中的用户体验，使用同理心、问题定义、解决方案构思、原型设计和测试等方法，将导视服务植入 OPAC 系统中，用户在检索图书时，不同颜色的检索条代表不同的图书分类，提升了用户的体验感和好奇心，同时加快了检索结果的识别。这种设计巧妙地将检索服务与标识符号有机融合。

随着经济全球化发展，我国经济取得令世界瞩目的重大成就。经济高速发展带动精神文化的需求，国民对公共空间的导视需求日益增加，国家相继制定了关于导视体系建设服务的方针政策。2017年1月，住房和城乡建设部正式发布《公共建筑标识系统技术规范》（以下简称《规范》）GB/T51223-2017公告，于2017年7月1日起正式实施。《规范》的颁布和实施标志着我国导视系统建设实现现代化管理，有助于保障公共空间浏览的安全性，提升公共空间使用效率和体验感。现代化以来，图书馆建设规模与建设数量均呈现上升趋势，其内部多样化的服务种类与愈加复杂的环境让用户不知所措，用户亟须利用导视系

---

① 王丽雅，王丽娜，钱晓辉. 图书馆规范性标识系统的育人功能研究 [J].图书馆建设，2017（8）：90-94.

统来轻松使用图书馆。

　　同时，现代图书馆以人为中心，要求图书馆改变服务形态，提供贴合用户需求的服务。导视服务作为用户所需服务，图书馆应给予充分重视。从大局层面将导视服务划归战术领域，实施好导视服务建设，给用户提供轻松、高效的体验感。

第五章
图书馆空间服务案例

第一节　国内外图书馆空间研究成果

一、国外图书馆空间研究成果

　　早在20世纪90年代，美国图书馆行业就对图书馆的空间建设展开了研究，上海市图书馆原馆长、澳门大学图书馆馆长吴建中最先将信息共享空间（Information Commons，IC）引入国内[①]，在接下来二十多年的发展中，原有的空间衍生出创客空间、信息空间、教学空间、研究空间、学习空间、3D打印空间等[②]，为了迎合用户的个性化需求，

---

　　① 史艳芬，姚媛. 近10年国内图书馆空间建设研究趋势的知识图谱分析［J］. 图书馆研究，2022，52（4）：108-116.
　　② 王高娃. 我国图书馆空间研究进展可视化分析［J］. 图书馆工作与研究，2022（2）：64-76.

一些图书馆建设了数字体验空间、虚拟现实空间、增强现实空间等，甚至有些图书馆改造原有空间，为用户提供了冥想空间、发呆空间、瑜伽空间及专供写作的空间、作业辅导空间等。①

秦长江等②利用 CiteSpace 软件对 2010—2020 年间的图书情报领域研究空间内容的文献进行可视化分析，共有近 500 篇文章被确定为有检索意义的内容。研究从发文机构及作者关联、空间建设类型、空间发展与演变趋势和热点等入手，归纳总结了在 2017—2022 年期间我国图书情报行业关于空间建设的高频词，以此确定图书馆为用户服务的主要抓手是依托空间进行拓展与营销。

近年来，国内外图书馆对于空间的研究热度急剧上升，主要包括空间新建、空间重建、空间改建及装饰和设备设施完善等。与国内侧重图书馆空间类型、建设与改造等不同，国外更重视对图书馆空间评价的研究，比如，图书馆作为公共空间向社区提供展示、教育责任方面的效果；高校图书馆空间对大学生学习成绩、科研成果的影响；图书馆空间建设与产出的投资回报率等，这些研究更有利于图书馆评估已建设的空间发挥的作用如何，拟建设空间取得较好的用户满意度，待改造空间在投入与产出方面的博弈等。③

在图书馆不断发展和建设的过程中，空间感知技术对传统的图书

① 周宇麟，陈锋平，沈昕. 变革下的公共图书馆空间建设研究：基于公共图书馆模型示范项目的启示 [J]. 图书馆杂志，2022，41（3）：96-103.

② 秦长江，杜正辉. 国内图书馆空间研究的可视化分析：基于图情领域 CSSCI 来源期刊（2010-2020）[J]. 图书情报研究，2022，15（2）：90-95+113.

③ 文琴. 国内外城市公共阅读空间研究综述 [J]. 图书馆建设，2022（2）：1-22.

馆空间在设计方面做出改进和优化发挥了巨大的作用。通过这项技术，图书馆拓展了空间使用功能和使用形式，以创意思维对空间进行硬建设与软分割。同时，通过设立讨论交流、技术实践区、协作学习区、安静冥想区等，多样化空间的创建较好地帮助用户实现空间感知与交流。通过进一步对新技术的利用，图书馆将用于业务建设与基本服务领域的交互技术应用到了图书馆空间设计方面，用户通过智能机器人、交互式屏幕等访问图书馆空间或利用图书馆服务，这种方式能够增加用户与图书馆的黏性。①《推动公共文化服务高质量发展的意见》中明确指出，要打造有特色、有品位的公共文化空间，适应居民对高品质文化生活的期待。②将打造公共文化空间作为高质量发展的重要任务，指引了公共文化空间从形式到内容创新拓展的方向。2021年6月10日，文化和旅游部印发《"十四五"公共文化服务体系建设规划》，将"建设以人为中心的图书馆"作为主要任务之一，提出了"优化公共图书馆环境和功能，营造融入人民群众日常生活的高品质文化空间，建设有温度的文化社交中心"的行动指南。③这些政策文件为图书馆发展提供指南，也为图书馆指出新的发展方向。

空间布局要素由空间功能规划、空间布局理念、空间氛围营造、

---

① 李育菁，尤佳丽.北欧图书馆的感知设计对我国高校图书馆空间打造的启示 [J].图书馆理论与实践，2022（5）：22-27+36.

② 文化和旅游部，国家发展改革委，财政部.关于推动公共文化服务高质量发展的意见（文旅公共发〔2021〕21号）[J].中华人民共和国国务院公报，2021（12）：66-70.

③ "十四五"公共文化服务体系建设规划.中华人民共和国文化和旅游部 [EB/OL].[2022-04-28].https://www.mct.gov.cn/preview/whhlyqyzcxxfw/wlrh/202107/P020210702576611979596.pdf.

空间陈设装饰要素构成。公共图书馆空间布局设计需要通过引入形态构成原理、环境心理学、环境行为学以及人体工程学等学科知识，运用设计构成学中的造型要素和形式要素构成思维，把握好形式美的法则和空间布局要素的组合方式，创造符合社会公众精神文化和审美需求的新型公共文化空间。①注重用户获取资源的便捷性，即保障用户在空间内获取资源的效率。一是在地理概念上要贴近群众，将阅读空间更多地向社区、社会机构、学校等延伸，最大限度上缩短用户到达的距离和时间；二是在资源上要足够丰富，尽可能满足用户需求，并能够在资源短缺的情况下，主动为用户解决问题。

二、国内图书馆空间研究与建设成果

国内学者将建筑学、室内设计学、环境心理学、读者心理学、教育心理学和人类学理论应用于图书馆空间设计，或是单独运用环境心理学指导图书馆的照明、色彩、装饰材料与噪音设计。②众所周知，一个好的场所应是在空间营造过程中在满足功能需求的同时给予主体内心更多的关照，使主体获得更深入的情感体验与感受从而产生认同的场所。正是有了主体对场所的认同，空间才会从没有意义和特性的抽象空间变为充满意义与激发主体行为与依恋的场所。③

---

① 钟伟．美国公共图书馆空间布局设计研究［J］．图书馆工作与研究，2022（9）：54-60+69.

② 文琴．国内外城市公共阅读空间研究综述［J］．图书馆建设，2022（2）：1-22.

③ 陈敏贤，王焕景．场所精神理论视角下高校图书馆空间再造中的场所认同构建研究［J］．晋图学刊，2022（9）：1-17.

徐州市云龙区图书馆是"中国唯一汉文化主题图书馆",在设计理念上多处融入和呈现汉文化元素,如汉砖、竹简等极具鲜明特色的汉文化元素。图书馆内特设"汉文化专区",定期举办汉文化交流会。[①]从视觉、触觉、听觉、嗅觉等感官系统综合考虑空间的适宜性,使人们在阅读学习时,营造一种难以忘记的体验感和学习能力提高的自豪感。从心理学角度考虑人与人之间的安全心理距离,让读者有一定的心理安全性和舒适性。[②]在空间布局上,"悦读空间"采用整体大开间,多种小空间相互穿插,依靠列柱、书架、座椅、绿植等分割出不同空间区域,以灯饰和流线型的家具变化形成视觉上的切分感。[③]

英国罗汉普顿大学新图书馆投资3500万英镑,这座5层高的建筑拥有2000余个新的学习座位以及将近8000米长的书架和数十万册书籍和研究材料,是伦敦最好的大学图书馆之一。Thomas Matthews设计团队为新图书馆提供导视系统设计,团队设计灵感来源于优雅、时尚和迷人的奥黛丽·赫本,一个精致且美丽的角色。该馆标识设计采用极简主义,在关键位置放置方向导引牌,同时材料采用分层的法文,将有着厚重历史的、镀金边缘的图书与图书馆悠久传统相呼应,为读者献上了心灵洗涤和视觉盛宴。该馆内清晰易懂的分布图和位置标牌,能够让每个人很好地了解空间特性,发挥高效的指引功能,更为空间添

① 姚雪梅. 空间再造视角下公共图书馆主题图书馆建设研究 [J]. 图书馆学刊,2022,44(9):21-27。

② 董智慧. 新文科背景下街区图书馆的空间设计 [J]. 建筑经济,2022,43(7):109-110.

③ 陶继华. 党校图书馆空间再造设计与服务研究:以安徽省委党校"悦读空间"为例 [J]. 曲靖师范学院学报,2021,40(6):110-117.

加了引人入胜的亮点。图书馆提供的空间支持除传统服务外，还包括培养大学生的写作、数学和计算能力等。

第二节　公共图书馆案例

建筑师雷姆·库哈斯与美国西雅图中央图书馆（Seattle Public Library）相互成就，他所设计的图书馆获得了美国《时代》（Time）杂志2004年最佳建筑奖、2005年美国建筑师学会的杰出建筑设计奖（AIA Honor Awards）、美国图书馆协会杰出图书馆建筑奖等。西雅图中央图书馆造型设计的第一个目的是要创造阴影空间，这样一方面可以服务周边社区的人员，西雅图是一个经常下雨的地方，建筑提供悬挑式平台，方便人们应急避雨；另一方面也是考虑到图书馆的设计规范，纸质资源在保存管理上不能有阳光的直射。第二个目的就是满足周围城市的景观的连续性，由于错位的存在，保证周围楼房中的居民视线不会被这个庞大的公共建筑所阻挡，视线便可以通透。

中国上海图书馆"创·新空间"为使空间面积更加有效，各区域间不设明显隔断，通过家具、设备等软装饰来进行功能的区分。全馆大多采用白色作为空间的主色调，这样的设计既凸显了科技感，又让空间显得更加宽敞明亮。同时，图书馆定制了嵌入式的家具设备，以节省空间面积。"创·新空间"五大功能区域具体为[①]：

·阅读空间：主要提供传统的阅读服务与检索服务。

·信息共享空间：主要为读者提供讲座、讨论的场地。

·专利标准服务空间：在原专利标准特种文献阅览室的基础上，继承了大量与创新创意相关的特种文献与数据库，为创客提供专利检索、外观检索等服务。

·创意设计展览空间：主要用于各类设计师作品、创意产品的展示。后期引入的高科技产品也主要放在这一区域供读者体验。

·全媒体交流体验空间：主要提供人机交互体验。

俄罗斯国家儿童图书馆导视系统中的标牌数字经过艺术化的处理，变得趣味十足、动感活泼，这种设计手法完美地迎合了受众主要群体——儿童的心理诉求，打破常规设计的呆板与枯燥，艺术化的变换使图书馆导视元素更具有识别力、艺术力，更能吸引观者的眼球。[②]

美国北得克萨斯大学的大学联盟机构是一个多层建筑，该机构服务设施完备，导视设计旨在增强用户体验、构建包容环境。Sharon Mathew受邀为其进行导视系统设计，他基于大学联盟复杂的空间结构，采用大学联盟的品牌绿色作为导视系统的主要配色，在楼梯处和出入口利用柱子和墙面设计了覆盖式标牌，大面积的色块有助于营造空间的整体感。巨大的楼梯间标识和卫生间icon便于轻松寻路，整套导视

---

① 段宇锋，金晓明. 中国公共图书馆创新案例［M］. 上海：上海交通大学出版社，2020.

② 徐红蕾，屈媛. 环境导视设计［M］. 武汉：华中科技大学出版社，2018.

系统营造了友好的环境。①

日本白河市立图书馆位于福岛县白河市。因其坐落于白河站以及拥有日本历史遗迹的南湖公园附近，所以设计师认为优雅的标识适合这个空间。对于图书馆的特征，设计师采用三角柱形为导视标识。在日本，人们经常看到图书馆的登记台是这种形状的，它是很具有学术气氛的形状。三角柱形的角尖处均为60度，无论在哪个角度都能认出这个形状，同时作为图书馆的标牌，它的形状极具理性概念。书桌上的标识牌是利用南湖公园被雷击后的树木（树龄为100年以上）为制作材料。用这种作废的树木，设计师可以降低业主的成本。②

俄罗斯埃夫里音乐学校与媒体图书馆。导视项目的灵感来自建筑造型和建筑外围的纬线编织图案。设计师应用这些元素营造出韵律感，并将其转化为独特的书写文字。建筑与导视融合成一种统一的语言，既形成了和谐的观感，又营造出强烈的辨识度。③

罗马尼亚布加勒斯特国家图书馆导视系统彰显了国家特色。此前，国家图书馆的各部门之间并没有任何引导标识。一走进去，用户就会迷失在巨大的空间中，只能向人问路。因此，设计师开始考虑这一问题的解决方案。在对建筑与室内环境进行观察之后，设计师发现室内共有两种类型的空间：昏暗空间与明亮空间，这就是导视设计的出发点，设计师决定为明暗空间各设计一套图标，其中昏暗空间以霓虹灯

---

① http://signgoood.com/case/show/578.

② 深圳视界文化传播有限公司.请跟我来：导视系统设计［M］.武汉：华中科技大学出版社，2012.

③ （俄）歌利亚齐娃.文化导视2［M］.常文心，译.沈阳：辽宁科学技术出版社，2015.

标识为基础，而明亮空间则直接采用自粘式胶贴。设计师用图标来代表空间，赋予了它们丰富的内容。因此，在整个导视系统中，内容、形式、应用方式是最重要的设计因素。[①]

　　芬兰赫尔辛基新图书馆将文化传承内嵌于空间情感设计，借由实践体验导入学习模式，以及将空间心理学应用于图书馆空间感知设计。整个图书馆内部的功能划分和设施配置都是根据芬兰当地的生活偏好进行改造的，每个楼层都依据芬兰的教育思维规划区域功能。芬兰颂歌图书馆第三层在空间设计上利用色彩搭配与空间错位的方式，通过不同颜色营造不同的空间氛围，利用多变的不经意空间划分，创造出不同空间感的阅读环境。[②]

　　美国弗朗西斯·格雷戈里图书馆空间布局设计理念为"概念商店"。其空间结构形态运用了几何形体在立面上的独特展示，同时注重室内空间的光影变化，以构建现代化的图书馆空间形态格局。美国新泽西州公共图书馆空间布局设计主要采用矩形砖石结构组成，室内空间配以一座开放式的玻璃中庭，与馆外现代化设计风格的市政广场形成对比，体现图书馆空间的传统设计风格特征和人文氛围。美国帕尔梅托图书馆空间布局设计以"谷仓"作为原型。图书馆的内部空间陈设犹如多个造型独特的"盒子"组合而成，通过多个体块组合使人们联想到"谷仓"的外在形象。美国拉姆西镇公共图书馆空间布局设计

---

　　①［俄］歌利亚齐娃. 文化导视2［M］. 常文心，译. 沈阳：辽宁科学技术出版社，2015.

　　②李育菁，尤佳丽. 北欧图书馆的感知设计对我国高校图书馆空间打造的启示［J］. 图书馆理论与实践，2022（5）：22-27+36.

注重突出"书"的设计工艺与视觉体验。该馆空间布局通过折叠艺术设计形式达到图书馆特有的空间服务格局，图书馆空间装饰设计采用与城市设施使用一致的砖混合物，与图书馆所在城市环境形成一种视觉均衡感。[①]

澳大利亚绿色广场图书馆的主体是一个6层高的玻璃塔楼和一个拥有40面天窗构成的三角地下开放空间，户外开放空间有水景、草坪等景观，临窗的座位能使读者在阅读时将大半个城市的美丽风光尽收眼底。馆内地下部分有一个配以绿植和富有设计感小道的下沉露天圆形花园，花园上层是文化广场。

美国俄勒冈大学艾伦价格科学共同体和研究图书馆。该馆是地下图书馆，坐落在两座建筑物之间的狭小空间内，馆舍的整个窗户从半地下延伸到地上的高天花板，自然光穿过玻璃投射到图书馆内部。

荷兰Bibliotheek LocHal图书馆位于蒂尔堡车站旁，其历史可以追溯到1932年的一座火车站候车大厅。设计师将独特的历史元素与当地的橡木和钢材等材料相结合，以大型挂毯作建筑物的柔性墙，地板上留有轨道并在青年活动区配有火车车厢式桌椅，配色极为丰富，这种设计为读者创造出一个令人激动的、温暖的空间氛围。[②]

荷兰书山图书馆的屋顶呈金字塔形状，其灵感来源于荷兰传统的农场造型，向人们展示了该地区的农业发展历史，馆内主要组成部分

---

① 钟伟. 美国公共图书馆空间布局设计研究 [J]. 图书馆工作与研究，2022 (9)：54-60+69.

② 汤艳霞，束漫. 图书馆建筑空间与自然人文环境融合促进阅读研究：以国际图联和美国图书馆设计最佳实践为例 [J]. 图书情报工作，2021，65 (14)：13-19.

是一座巨大的书架拼接成的"书山"，被称为"书山图书馆"，围绕"书山"各层边缘设立了众多的独立式座位和阅读空间。①

第三节　高校图书馆案例

　　深圳大学城图书馆建筑外观设计灵动、飘逸、流畅、时尚，形同"如意"，这是对中国优秀传统文化的完美诠释，该建筑也是大学城的标志性建筑。该馆导视系统的标牌造型大部分以竖置或横置的细长方形为基本型，顶端或右侧则变化成为大学城图书馆标志的形态，与整体品牌形象相得益彰；总导视牌和楼层导视牌则是单片弯折成形，顶面放置有楼层平面图，面积较大且有一定倾斜角度，方便读者查看楼层信息。导视牌中的标识系统也经过精心设计，方中带圆的设计与标识造型协调统一，硬朗中不失曲线变化，简洁明晰，识别性强。导视系统色彩以深灰色为主色调，搭配白色图标和文字，使得相关信息清晰醒目，同时还配置了蓝、绿、紫、黄4种辅助色点缀其中，用于4个楼层的色彩识别。这4种色彩与稳重的灰色相互搭配，既富有变化，又不失统一、和谐的效果，并齐备现代科技感。深圳大学城图书馆导视系统造型挺拔灵动，与标识形象协调统一；标识系统富有个性化色彩、

---

　　① 谈大军，王梦迪，潘沛. IFLA/Systematic 年度公共图书馆奖获奖项目分析及启示 [J]. 图书馆工作与研究，2020（11）：96-102.

识别性较强；色彩运用与品牌形象色搭配和谐，辅助色彩的使用也让各个楼层信息易于区分，这一切都让整个导视系统成为整体形象设计中变化多样又不可分割的有机组成部分。整合形象设计也极好地验证了设计师"美的品牌体验不仅来自品牌核心要素，更来自读者随时随处的审美体验这一设计理念"。①

如果要提到导视系统的经典案例，不得不提日本东京5所美术大学之一的武藏野美术大学图书馆。武藏野美术大学图书馆实际是该校图书馆与博物馆的联合机构，由于该校坚实的美术专业基础，使导视设计充分融入了美学思维，无论是实体还是网络标识，该馆不仅做到了导视系统的多样化、形象化、艺术化，更使导视系统的创造性和审美性实现了高度的统一。武藏野美术大学图书馆新馆是一座6500平方米的两层楼建筑，图书馆内共有20万册藏书。设计师佐藤卓为这所图书馆设计了标识系统和视觉形象系统，该馆主页上细致、精美的电子地图，就是对其他导视系统的良好诠释。

德国明斯特大学图书馆（University of Münster Library）就能够站在用户角度思考问题来实施导视系统设计。图书馆负责人认为，对于每个来明斯特大学图书馆的人而言，能够"理解"图书馆、"理解"图书馆的服务、"理解"图书馆传递的信息是非常重要的，比如：在图书馆的地板上直接设置榻榻米式阅览桌椅，以方便学生能够在架位旁边从浩瀚的资源中快速查阅到所需的信息资料。该馆设置了多处图书漂

---

① 谢燕淞. 中国当代设计全集（第1卷）平面类编：标志篇 [M]. 北京：商务印书馆，2015.

流处，供读者间自由交换图书，馆内所有的人员流动路线主要展示在现有的墙面上，视线可达性极好，馆内特意设计的大型字母在远处就清晰可见。[①]德国柏林自由语言大学图书馆在入口地面处设计了图书馆馆徽和馆名，这种将图书馆品牌形象印于入口地面的做法，大大地增强了图书馆的文化厚重感，更让用户一进入图书馆便会感受到导视系统的新奇，让人眼前一亮，同时也拉近了图书馆与用户间的距离，增加了图书馆的用户黏性。

德国威斯玛大学图书馆将示意读者静音、禁止读者饮食饮水的LOGO 印在阅览桌上，德国斯图加特市立图书馆除以上做法外，还将消火栓、灭火器等安全设备设施的标识置于书架醒目之处，既避免了到处张贴安全标识的混乱，又保证了标识设计的一体性与连续性。[②]这种导视系统较之普通立体导视牌在功能性上没有任何差别，却给了用户充分的人文关怀。人们本是以参观或看书的目的来到图书馆，却不得不在门前驻足，这样的导视设计真正做到了创造性与建筑导视系统的结合。

在建筑设计方面，美国北卡罗来纳州立大学亨特图书馆也给读者提供了这样一方空间。该馆是学校第二个图书馆，曾获得2013年AIA/ALA图书馆建筑大奖。亨特图书馆在最顶层设计了一个户外空间区域，除遮雨棚外，这个区域未设其他阻碍视线的建筑实体，学习之余抬头远望，远处就是集树木、河湖、景观于一体的自然风景，而这一设计

① 徐红蕾，屈媛. 环境导视设计［M］. 武汉：华中科技大学出版社，2018.
② 王雪婷，丁山. 导视系统设计在当代的应用［J］. 美术教育研究，2018（22）：48-49.

与设计师对图书馆的认识和设计理念密不可分。负责图书馆设计的王维仁表示，随着时代和观念的变化，学校对图书馆的使用需求也处在不断变化中。30年前他在美国做图书馆方面的设计时，大家就在不断地思索：几十年后如何面对图书数量的不断增长？因为图书馆一盖都是要用100年的，因此，传统的图书馆要做密集书库。而现在的图书馆已经变了，因为纸质书越来越少，纸质图书数字化趋势明显，纸媒空间逐步让位于学习空间。越来越多的图书馆通过设立空间来支持用户合作、交流，美国北卡罗来纳州立大学亨特图书馆空间建设规模和效果可谓典范。据笔者统计，从二楼到四楼，亨特图书馆拥有小组学习间共40多间，分为大、中、小3个型号。大型小组学习间每间可容纳10人，中型小组学习间每间可容纳6人，小型学习空间每间可容纳4人。每种型号学习间都提供白板墙、平板显示器、瘦客户机、基于网络的视频会议、笔记本电脑、辅助连接线、扬声器、触控板控制器等设备。教职员工和学生可在网上预约小组学习间，每次可使用两小时，预约开始15分钟后不到，空间自动释放给其他人。除了小组学习间，还有研究生学习区和教师研究区，需凭证进入。研究生学习区专门为研究生设计，配有休息座位、开放学习空间、小组学习间、计算机工作台与储物柜。教师研究区为教师从事个人和合作研究提供舒适的工作室与会议室。另外在二楼安静阅览室旁还有一个开放空间叫"想法凹室"，内部提供白板墙和桌椅，可用于团队交流和协作。空间的创新对用户的思路创新有诸多帮助，这也是图书馆的意义。

康奈尔大学何梅美术图书馆是投巨资改造后获得了美国绿色建筑委员会能源与环境设计LEED认证金奖的图书馆。改造后的图书馆以书架为核心，辅以扩建的研究中心、计算机房和自习阅读空间。用户透过大窗户，从开放式的夹层书架上可以看到校园的高处景色。建筑师在立面上设计了充足的玻璃开窗，以便为内部的用户提供通透的视线空间，使其足以享受外部的自然风光。而外部的行人，则可以透过玻璃，对内部的空间布局一目了然。①

① 李忠东. 康奈尔大学何梅美术图书馆 [J]. 建筑，2020（12）：42-43.

第六章
图书馆空间建设与服务模式

　　图书馆学专家王启云在个人博客中谈到，图书馆空间是和图书馆馆藏同等重要的图书馆资源，图书馆空间建设应得到图书馆管理层面的高度重视。随着社会各类图书、影像资源的丰富完善，馆藏对读者的吸引力正逐渐下降，空间及其营造的氛围逐渐成为吸引用户走进图书馆的主要因素，用户对图书馆由单一的阅读空间需求发展为集学习、休闲娱乐等功能为一体的综合性空间需求，而用户对图书馆空间需求主要有以下特点：人性化的空间设计；多样化的融合服务。①

---

① https://blog.sciencenet.cn/blog-213646-1289383.html.

第一节　基于硬件设备的服务

一、细划空间，开展线上线下服务

美国斯坦福大学图书馆对"学习区"做出这样的划分：在显示所有学习区中，读者可以根据需要选择自己想去的空间，从左到右、由上至下分别为绝对安静区、毗邻咖啡区、允许讨论区、提供电源插孔区、多人学习区、独立学习区、大桌子区、夜间晚关闭区、户外学习区、公共计算机区和校内访问计算机区。

美国北卡罗来纳州立大学图书馆通过对各个分馆进行空间设计，致力于创建一个能够支持大学的学术目标图书馆系统。为了这一目标，北卡罗来纳州立大学图书馆需要向用户提供：①数字信息技术的高级应用和电子材料的获取；②个人和集体的学习空间，不仅能够支持用户安静、沉思地学习，也能满足需要协作的互动；③提供所有必要的印刷材料。同时，北卡罗来纳州立大学作为一流的科学、工程和技术机构，为了更好地支持大学的学术目标，其图书馆也需要拥有支持研究型大学发展的实力，为实现这一目标，需要图书馆：①成为一个容纳所有文献格式的藏书图书馆，以供教师、学生和工作人员使用；②成为一个可以方便获取和使用藏品的实际场所；③通过馆藏开发和管理、援助和支持，成为一个为大学社区提供无与伦比的图书馆服务的机构；④成为一个有型的文化标志来代表大学的品质；⑤图书馆不仅为现在而设计，也要考虑到未来。①美国北卡罗来纳州立大学图书馆的查找与借阅服务并不仅仅局限于上述所说的书刊、报纸、专利等方面，图书馆还创新性地提供了科技产品的出借服务，包括笔记本电脑、iPad、电子阅读器、计算机等常用电子设备，还为用户提供充电器、键盘、鼠标等在图书馆中会需要的电子配件。除此之外，数码相机、摄像机、音频制作设备、VR体验设备、投影仪等也包含在图书馆的出借服务中，对于一些图书馆用户中的特殊群体，例如色盲人士，图书馆为其准备了室内、室外两种可使用的色盲眼镜，图书馆还提供机器人来治疗心理问题，为用户提供身心的自我保健，除了一些热门借阅的物品，其他物品可以直接到服务台或者通过在线借阅，到期后用户若想继续使用，可以到服务台续借。②北卡罗来纳州立大学图书馆的空间多样性彰显了服务特色与优势，在满足用户需求方面更加主动、更有针对性，在这方面该馆与哈佛大学图书馆的空间建设有异曲同工之处。

美国哈佛大学图书馆的卡博特会议室可容纳24人，配有长桌和可移动的椅子，该空间既可用作教学空间，也可转化为具备演示功能的会议室。有3台投影仪、3台摄像机、1台高架摄像机和几台可移动显示器。房间有两扇门和一面可伸缩的玻璃墙，可通向附近的协作空间。可伸缩玻璃墙需要手动操作，工作人员将很乐意根据要求为用户提供

---

① https://www.lib.ncsu.edu/hunt-library/vision.

② https://www.lib.ncsu.edu/devices.

帮助。图书馆宽敞明亮，安宁肃静，为避免脚步声干扰，地上铺有地毯。有的阅览室书桌上放有一盏盏雅致美观的桌灯，备有笔、便签等用品便于读者使用，配有符合人体力学的办公椅以及各种沙发椅，有些电脑桌的键盘高度可根据需要调节。哈佛大学图书馆开架书库放有信息检索机及其他电子阅读设备，图书馆提供的U盘、笔记本电脑、耳机、电子书阅读器等均可外借使用，打印机和扫描仪免费供读者自助打印扫描。[①]

二、设计色彩，打造特色空间

荷兰阿姆斯特丹市图书馆把读者检索机放置在各层环廊上，节省了电子阅览空间，同时，白色的电脑桌椅与黑色显示器的搭配使整个环境显得十分淡雅、静谧。美国西雅图中央图书馆阅览桌的正前方架有灯管，桌面有网络接口及电源插座，便于读者使用笔记本电脑和其他充电设备。中国国家图书馆各层环廊的阅览桌上均有电源和网络插孔。西雅图中央图书馆的服务台不仅宽敞简约，还放置了黑色的高背椅，消除了咨询时读者与图书馆员的距离感，橙色工作台更增加了咨询台的醒目感。柏林自由大学图书馆的咨询台置于该馆一楼入口处，巨大的椭圆形咨询台与各层环形阅览桌设计交相呼应，浑然一体。

空间本身就是一种资源，哈佛大学图书馆馆舍内部布置温馨富有人性化，依据不同的使用目的，提供不同功能的空间及相应配套技术

---

① 聂慧英.中外图书馆人性化服务的比较研究［D］.黑龙江：黑龙江大学，2017.

设备，尽量给读者提供所需的物质条件，使读者能轻松地学习和研究。为了拓展学习交流的空间，图书馆使用自动密集书架来缩小藏书空间，因此图书馆作为空间的功能被进一步强化。该馆70多个分馆各有学科服务重点、各有空间服务特色。

空间设施改进的案例还有斯坦福大学图书馆。近几年，斯坦福大学图书馆有序地对部分馆舍进行翻修或是重建。[①]斯坦福大学图书馆新建的工程图书馆的设施、服务和馆藏，其目的都是为用户提供信息发现、利用、创造和管理的环境。图书馆空间和服务设计理念是培育学生、教师的合作精神，支持发现、检索、集成印本和数字信息资源。

三、空间外借，践行空间即服务理念

图书馆在发展过程中，由重藏转为重用，由以资源为核心转为以用户为核心。随着用户信息检索行为的变化，图书馆不仅要为用户提供更多空间，还需不断拓展外借服务范围。这方面，在美国大学图书馆表现尤为突出。在加州大学伯克利分校，该图书馆提供笔记本、DVD播放器、HDMI视频转换线、各类数据线、键盘和鼠标、收纳箱、指南针、高性能计算器等外借服务，借期从两小时、1天、14天、30天不等。北卡罗来纳州立大学图书馆是建筑空间设计的典范，更是空间优化的样板。该馆采取了高密度存储系统，释放了大量的读者座位，

---

① 薛慧彬，秦聿昌.分报告四：斯坦福大学图书馆考察报告［J］.数字图书馆论坛，2011（80）：31-44.

精心打造了功能齐备、风格多样、满足个性需求的空间，满足用户研究、讨论、交流、休闲等需求。

美国北卡罗来纳州立图书馆将106个学习空间在主页上充分展示，划分为学习与工作、创新与创客、交流与协作、教学与表演4类，每大类下包括10—60个不等区域。该馆外借资源丰富，包括各型号相机（三脚架、遮光板等）、望远镜、苹果笔记本、iPad、Kindle、苹果充电和数据线、读卡器、游戏手柄、音频处理设备、设计与建模工具、复杂计算器、投影仪等。为了给用户提供更多便利，美国哈佛大学图书馆还提供冰箱、饮水机、微波炉、自助售货机等设备设施，一些分馆还为用户提供简单餐饮，卫生间提供各种纸品和卫生用品，服务周到细致。

第二节　基于空间发现系统的服务

一、空间展示

美国哈佛大学图书馆在其官网上以"Find a Space"为题展示了100余个特色空间，并在Google Map上有每个空间的清晰定位显示和链接，便于用户通过手机导航找到所需空间。更为方便的是，该馆推出了主分馆空间利用APP，将技术手段下的空间推广推向了更高的层面。哈佛大学图书馆采取总分馆模式，每个分馆与大学的学科专业高度整合，其总分馆空间包括大型开放空间和小型可预订空间，有小组学习室、个人独立自修室、媒体实验室、会议和演示空间、诗歌室、用户研究中心、聊天室、听力室、小型团体研究室、探索吧台、冰立方咨询室、协作学习空间等。

美国芝加哥大学图书馆网站以"Find Spaces"为栏目主题，按学习、教学、学术研究和其他用途分类复选，在功能细化上，分为安静学习区、联合/群体学习区、笔记本区、开放学习区、低声交流区、公共检索区、双显区工作站、投影设备区、隔断区、站立学习区、样本保存区、单日存包区等，每个空间配有空间图片，公布各区域内所提供的设备设施及开放时间，是否可以饮食饮水等也有提及。

美国田纳西大学图书馆在主页上列出了所有空间，包括：小组学习室、安静的自习室、教师/学生讨论间、会议室和指导室、健康科学自习室、协作室、演示室、视频会议室、学者空间、安静学习区、安静书房、计算机学习领域、多媒体专区、沉思与冥想室、家庭书房、研究生专用区、创新孵化工作室、打印和扫描区、设备与技术区。[①]该馆在主页上的每个空间都有对应的使用规则、配以精美的实景图片，同时，标明了房间的容纳人数、提供设备的名称和数量。

二、空间复选

在美国北卡罗来纳州立大学图书馆的空间主页上，用户每一次按条件筛选，都会获得"学习区"的实景图，给用户以充分的选择权。

---

① https://new.library.arizona.edu/visit/spaces/quiet-study-rooms.

北卡罗来纳州立大学图书馆设置的舒适家具和站立学习区表明，其真正将人性化、个性化服务理念进行到底。北卡罗来纳州立大学图书馆是建筑空间设计的典范，更是空间优化的样板。该馆采取了高密度存储系统，释放了大量的读者座位，精心打造了功能齐备、风格多样、满足个性需求的空间，满足用户研究、讨论、交流、休闲等需求。美国杜克大学图书馆在其主页上以"Find Library Spaces"为标题，面向用户提供"声音级别""设备设施""图书馆名称"以及其他主题的空间搜索。

同时，上述空间使用了空间管理系统，这些系统拥有的过滤功能方便用户选择所需空间，过滤功能包括空间类型、所在建筑、噪音水平、座位数和特征5项，在每个空间的网页介绍版面内公布了使用说明，内容包括是否允许零食、光线明暗度、是否配备沙发扶手椅、是否有站立式办公桌及声音级别要求等，用户可通过复选模式找到一间符合需求的空间。空间预约页面右侧是卫星地图，可以方便用户根据导航找到各个图书馆实体位置，这对于拥有几十个分馆的哈佛大学来说十分必要。图书馆提供在线预约，哈佛大学、斯坦福大学、加州伯克利分校等图书馆将空间按空间属性、容纳人数、群体与个人学习、安静等级、设施配备等进行划分，支持用户在线按所需条件筛选、预订空间，网站建设互动性强、方便快捷、技术性高。该区提供了家具布局参考图示供用户使用，方便用户按人数自由组合桌椅及开展相关学习活动，这种做法将人事理念做到极致。

美国哈佛大学图书馆在空间利用政策方面，提倡高效利用、服务协作创新，对于是否提供插座数量，是否可预定，优先使用原则，图书馆员和技术人员做现场指导服务时间，个人是否需要带笔记本、附属线和其他设备等均有详细的提示说明。柏林自由大学图书馆以PDF文本发布了3D打印机的操作流程和相关服务的免费额度、收费标准等。哈佛大学图书馆将空间划分为咖啡现饮、技术外借、独立卫生间、充电区休闲学习区、无障碍区、投影/演示区可预约区、复印打印区、绝对安静区、站立学习区、白板/黑板区、允许食饮区等。

香港中文大学深圳校区图书馆有标志性的网红阅读打卡书墙，该馆的家具是一大特色，这与香港大学图书馆异曲同工。香港中文大学深圳校区图书馆桌椅具有多样性，木质座椅、皮质沙发、塑胶凳子，读者可坐可卧可倚可靠，桌椅的多类型能够满足读者的多样化需求，他们可以舒服地、自由地学习、研究、阅读。该馆的家具采购者认为，让读者觉得温馨、舒适、轻松且如家一般的家具才是这个图书馆最需要的。

在空间设备设施提供方面，香港中文大学深圳校区图书馆更是用心到极致，该馆考虑按声音级别提供服务，设置了多个静音仓，师生可以一起展开交流讨论，或安静独立，或多人交流，有了静音仓声音分隔，里外互不相扰。另外，图书馆设置了40多个讨论间，学生们可以随时到此讨论，这就把学习氛围变成了朋友之间、师生之间的互动关怀，通过分享、交流、表述，师生可以从他人身上学习到更优秀的品质，让自己进步更快。实际上，这种设计恰恰体现了图书馆的核心价值，图书馆作为空间（library as a space）已是一种不可或缺的服务手段，图书馆需要提供的不仅仅是资源与信息，更多的是提供一种环境，一种让读者协作交流或自我成长的环境。[①]

　　香港中医图书馆的总布局图包含楼层划分、馆藏功能分布、导视与标识等，清晰高效、直观立体。香港中医图书馆提供了各层布局图，与普通的分布图不同，该馆采用了色彩搭配合理、审美性强的布局图方案。同时，将有计算机的座位用黄色标记，笔记本电脑用蓝色标记，黑白打印机、彩色打印机等也在相应位置中标出位置。

第三节　基于建筑视角的服务

　　近些年来，我国新建、改建图书馆数量激增，部分图书馆存在片面追求面积大、外观美的问题。为了进一步体现图书馆的审美性与实用性，笔者优选了几所代表性图书馆，从空间鉴赏、设计理念、功能实现等方面进行分析，并阐述这些设计带给用户的舒适和便利。这部分图书馆包括：建筑师Eun Young Yi设计的德国斯图加特市新图书馆（The New Stuttgart City Library）、建筑师雷姆·库哈斯（Rem Koolhaas）设计的美国西雅图中央图书馆（The Seattle Public Library, Seattle, USA）、建筑师福斯特及其合伙人事务所（Foster & Partners）设计的德国柏林自由大学哲学系图书馆（The Free University's Faculty

---

　　① 深圳市建筑工务署. 香港中文大学（深圳）筑记 ［M］. 宁波：宁波出版社，2020.

of Philology Library）、Helen & Hard 建筑事务所设计的挪威文内斯拉图书馆和文化中心（Vennesla Library and Culture House）、建筑师Jo Coenen设计的荷兰阿姆斯特丹公共图书馆（Openbare Bibliotheek Amsterdam，以下简称阿姆斯特丹馆）、约翰尼斯·雷西（Johannes Reinsch）和他的设计团队设计的中国国家图书馆、建筑师陈瑞宪设计的汕头大学图书馆等。这些图书馆或异型，或简约，或活泼，但都具备了内部空间开阔、功能多样化、艺术感染力强、自然与人文结合、设计从读者角度考虑等突出特点。

一、楼梯与过廊设计

斯图加特市立图书馆和中国国家图书馆采用了分层的螺旋式楼梯，让读者可以在上楼的同时，一览整个图书馆的布局，感受建筑的宏大与空间的奇妙。国图在最底层书架上放置了包装精美、颜色明快的四库全书成套图书，俨然一个文字的画卷。斯图加特市立图书馆建筑外壳采用玻璃砖材料的双层墙构造，步行空间位于两层墙体之间，别具一格。西雅图中央图书馆在外部钢架和内部玻璃幕墙之间留出了宽敞的通道，供自行车使用，该馆无论是步行楼梯还是扶梯，都设计了醒目的指南，既有指引作用，又弥补了空间的单调感。技术与媒体空间、开阔的学习给人以身临其境的感觉，除了这些，美国北卡罗来纳州立大学亨特图书馆的开放式楼梯最富设计并且引人注目。传统图书馆的楼梯都被置于房间之外，仅作为一个通道。而在北卡罗来纳州立大学亨特图书馆，楼梯成为馆内重要的学习交流场所之一，宽大亮黄色的开放式楼梯被设置在每层的中心位置，且连通上下。楼梯台阶被设计成皮面长凳，旁边预留通道，可作为临时讨论与聚会场所。亨特图书馆的设计颂扬偶遇的力量和赞成物理空间对用户智力的激励作用，强调利用中心学习场所之外的楼梯创造社交环境和偶遇的机会，确保重要学习场所之间保持互动。

二、光线与灯饰设计

汕头大学图书馆采用的是屋顶中间凸起、两端引进光线的方法，既照亮室内环境，又使得光线不显得刺眼，非常巧妙地利用了自然光源，并有效地防止了眩光。中国国家图书馆设计了退台形式的贯穿空间，保证了每层都有来自天窗的自然光。有研究表明，远距离视野对消除读者紧张的精神状态十分重要。读者透过跨越达数层的玻璃窗可清晰地看到城市景观，并知晓太阳的移动与天气的变化。让读者知道昼夜与节气的自然韵律是对读者进行精神激励的有效手段。斯图加特市立图书馆全馆无直接照明，管理工作区域采用无眩自然光。柏林自由大学图书馆各层都自然通风，阅览座位由符合人体工学的铝板构成，其室内半透明的玻璃灯光起到了聚光灯的作用，然而离散分布的开阔设计，可以让眼睛疲惫的读者透过头顶的天窗看到外面的天空。无论阴雨天或是晴天，西雅图中央图书馆的各个角落都享有最大限度的自然光，并且本地区常有的雨水也可冲刷玻璃幕墙外层的灰尘，利于保持清洁。同时，其建筑材料主要来源于附近的海上垃圾回收，这种做法良好地诠释了环保理念。

汕头大学图书馆在书架区采用米字形灯管，充分保证各个书架空间的采光，突破了以往图书馆灯管成排成列的设计惯例；在阅览桌上设有可开关的学习灯，灯管嵌在阅览桌上；大厅靠玻璃蓝幕的观景处放置了灯罩式的小台灯，尤显温馨和浪漫。柏林自由大学图书馆的台灯灯罩可随意旋转，方便读者在座位上使用。挪威文内斯拉图书馆的灯光以带状形式出现，采光效果极好。阿姆斯特丹公共图书馆在每层设计了巨大的灯箱，这些灯箱既有明显的指引功能，又增加了空间秩序感。

三、结构与色彩设计

挪威文内斯拉图书馆室内是由27个预先制造的层压木肋骨结构组成，在蜿蜒起伏的木质结构下方，书架造型宛若壁龛，其中还有一些起伏的遮板折叠而成的长凳，为读者提供了舒适的座椅。这些带型木板由书架和阅览桌巧妙组合，形成了一处处独享空间，这种类似生物肋骨的结构设计为其室内创造了宽敞舒适的大空间。斯图加特市立图书馆楼宇内墙采用了白色和灰色，明亮的流线型给人以清新和安静的感觉，颜色的单一被一排排、一列列有着历史厚重感的图书补充得恰到好处。由于图书和图书馆的读者本身已经使空间变得丰富多彩，建筑师们除了在钢结构和两个入口处使用明黄色之外，室内其余部分只采用了白色和灰色。文内斯拉图书馆的天棚、墙面、书架、地板、座椅的颜色都使用了木制的米色系，让人感觉馆舍自然安静、舒适亲密，汕头大学图书馆的设计与此相近。

四、家具与文化设计

汕头大学图书馆的书架多为6层，呈上直下坡形，其设计理念是：

有地震时书不会直接掉下来，书架不易倾倒；读者取书时不用深蹲下去，馆员上书时也不必跪在地上。柏林自由大学图书馆的书架背板采用对角张式钢条设计，跨越各层书架搁板，既节省了背板的工程材料，又给人以通透的感觉，而且不失其挡板功能。荷兰阿姆斯特丹公共图书馆在共享中心区摆放了半圆形书架，在每个书架围成的空间内放置了各种颜色的休闲沙发，给读者以无限的自由感。更让人叹为观止的是，该馆为收藏光盘所设计的圆柱形书架（周长超过30米）俨然是一个圆周化的光盘库。

香港大学图书馆空间分为安静阅读区、小组研讨室、博士生研读室、教员研读室、多用途室和24小时研习空间等。安静阅读区域是为个人学习和研究而设。在这些区域里，谈话要尽量简短和将声量降低，并避免使用手提电话。读者如有需要，可到楼梯间或指定区域使用手提电话。图书馆已张贴指示，提醒读者哪些地方是安静阅读区。同时，全馆设立了无障碍通道，方便残障人士参观与交流。每一本文献均印有港大校训的印签，每一本书在读者手中流转，"明德格物"的校训在师生心中永恒并转为一种真正从事研究、钻研学术的力量，这种校园文化的植入将渗透到每位师生心中。

多年来，香港大学图书馆的馆舍也在不断变化。位于主图书馆一楼、二楼和三楼的智库阅览区、Ingenium区等都为满足用户的多样化需求提供了多类型的学习空间，这种学习包括积极的自学和合作学习。图书馆三楼的信息咨询台在使用这些设施和搜索图书馆订阅或互联网上的大量信息资源方面为用户提供了面对面的支持。

澳大利亚迪肯大学图书馆空间设施完善，拥有近3000个座位，座位风格的不同契合了用户的多样化需求。该馆空间包括小组学习区、安静学习区和休闲座位区、学习辅导空间等，同时，依托空间开展各类外借服务，比如录音和无线网络设备、笔记本和平板电脑等。

五、优化空间设计

美国亚特兰大中央图书馆在大修和扩建后再次成为用户的舞台，突出了设计方在尊重现有结构的同时，将其与社区融合并推向未来的创新方式。翻新后的图书馆优先考虑了可访问性、灵活性和透明度，具有大窗口、多用途的协作型空间，以及强调可持续性围绕中央楼梯的两层中庭。美国马萨诸塞州梅德福公共图书馆是第一个网络—零能耗公共图书馆，这意味着该馆在运行时创造的能量比消耗的能量多，达到零能耗效果，600多块太阳能电池板排列在大楼弯曲的船体状屋顶上，其灵感来自该市作为快船制造中心的丰富历史。美国密歇根州公共图书馆北分馆的独特的圆顶、旋转的轮廓，采用了开放式幻灯片展示的山上榉树的木材，新建的图书馆包括一个新的主入口、学习共享空间和创新实验室以及1927年原有结构的保留区。图书馆的新址毗邻城市绿地和湿地区域，设计包含了户外乐器、庭院规划等互动元素，设计拥抱绿色空间，有助于促进与自然的联系。实际上，无论是新建的图书馆，还是再造的图书馆，过程中的设计思维尤为重要。

在特色空间设计方面，我国香港多所高校坚持"用户至上"原则，打造并设计了多个特色空间，以满足用户的多样化需求。比如：香港大学图书馆设计了智库（Think Tank）阅览区，该区位于图书馆地下，由安静研究区和相邻的深度安静研究区、特别收藏室和研讨室组成。

智囊团在地理上和心理上都位于底层的中心。该馆还设计了Ingenium 阅览区，Ingenium的名字来自于形容词"Ingenious"，它唤起了发明、想象力和创新。Ingenium位于主图书馆的二楼，是一个跨学科的空间，供大学社区从技术中获得灵感并与之互动。工程馆由3个区域组成，分别是展览和活动空间、图书馆创新中心和技术与灵感的Ingenium空间。香港大学图书馆将用户至上原则贯穿于整个服务过程之中，在图书馆主页上的设施一栏中设置了"学习空间"的链接，下面按楼层分布、空间人数等列出图书馆空间，每个空间均提供了平面分布图，向用户展示入口处、书架区域、主要空间位置、卫生间等，所有显示均与实际相符，让人一目了然。同时，这些空间均支持本校师生员工在线选座和预约。这种将实体空间复刻到网页端的做法，较好地满足了大学生的移动访问需求，这与香港地区其他学校图书馆的做法相近。

香港中文大学图书馆提供多类型的学习空间，供不同学习需要的读者使用，主要包括：安静阅读区、小组研讨室、博士生研讨室、教员研讨室、多用途室和24小时研习设施等。

在优化空间方面，近几年，香港浸会大学图书馆为了适应用户的新需求，缩小实物收藏的规模，增加对数字信息资源的投资，利用数据驱动的方法，谨慎地减少位于主图书馆的实体藏书数量，以便为学习和研究目的释放更多空间。

香港理工大学图书馆内设施完备，既提供充足的学习空间，同时也在各楼层配备有打印机、扫描机等学生需要的设备，在四楼的I-Space空间里还提供3D打印机、作品装裱等服务项目。图书馆各层都分布有学习空间，考虑到就近原则，将大学生使用频繁的24小时学习中心设在了图书馆一楼。这一点类似于在传统图书馆时代，许多图书馆将报纸阅读区、期刊阅读区设在较低的楼层，方便用户取阅。在该区域，图书馆将其划分为两部分：一部分为安静学习区，另一部分为小组学习区。图书馆一楼配备有咖啡厅，同学们在学习之余可以购买咖啡、简餐，也可以在此自习和讨论。

虽然在我国香港寸土寸金之地，各个高校校园面积十分有限，图书馆空间与占地面积就更为有限，但是香港高校图书馆始终坚持主动转型与创新，多年来，不断通过优化、整合及引进新技术、搭建智慧服务平台，开展校际间联盟共享等方式，采取多种措施为用户提供了充分的学习空间。

以香港中文大学图书馆为例，该馆致力于成为用户最喜欢的学习、研究和调查的地方，图书馆负责人认为，用户是图书馆生存与发展的基石，只有了解用户心理，提供用户最想要的服务，为用户个人学习、发展与成才提供智力支持，为用户在体验上、心灵上给予帮助，才是图书馆的核心价值与服务目标。目前馆内已经有各种空间，包括安静的学习室、小组学习室、不同的学习场所、社交和文化空间以及适合不同需求的多样化设施。在2020年12月，图书馆启动了一项重大改造工程，进一步实现空间和设施的现代化，打造一个科技化的教学中心，为数字时代的学习和研究提供一个安全、灵活和创新的环境。

香港教育大学图书馆内有24小时开放区域，供学生研讨和学习使用，图书馆内还设有8间未来教室，为配合未来教学及资讯科技发展而设计，让教大师生能够亲身体验运用了最新科技的创新教学模式。未来教室内配备有高速Wi-Fi、立体声音系统、4K投影机、分区式灯光系统，还配备有活动折叠式可收纳家具，满足用户对空间的自由支配使用。

第四节　空间评估与空间运维

一、基于技术的评估

新技术不断在教育、医学、文化等领域广泛应用，用户体验和服务创新日益凸显，图书馆也成为新设备应用的空间。游戏领域的微软 Hololens XR 眼镜、人文领域的影创 Action One XR 眼镜等设备越来越便捷化，不断激发高校图书馆在展览服务领域积极引进应用 XR 等新技术，再结合图书馆设备，将虚拟场景和真实内容有机融合。[①]

美国研究图书馆协会（ARL）、网络信息化联盟（CNI）、美国高等教育信息化协会（EDUCAUSE）、数字原生研究咨询机构等部门联合发布的报告《图书馆在科研和学习方面采用新兴技术的现况》，将"创造并管理学习和合作空间"视为新兴技术应用的重要领域，并通过强化

---

① 吴志静. 基于 XR 技术的高校图书馆数字化展览服务研究：以天津职业技术师范大学图书馆数字化展览为例［J］. 图书馆工作与研究，2022（11）：90-97.

空间规划评估，将图书馆建筑打造为生活学习实验室。[①]美国图书馆行业认为，在图书馆空间评估数据采集环节，图书馆需逐步应用物联网信标传感、5G 网络传输技术；在评估数据的分析处理环节，利用机器学习实现对海量数据的处理和分析；在未来学习空间的规划环节，利用技术有效地塑造用户与学习空间和服务的全方位互动，以及使个性化的物理环境与服务真正融入学习空间。[②]

二、基于标准系统的评估

加拿大马尼托巴大学图书馆研究人员制定了一套标准评估程序，以评估该馆任何地点的空间体验和导视的可用性。这套程序利用图书馆书目系统向研究人员通报了空间用户体验的发展趋势，利用用户数据提醒管理层注意培训需求和空间优先事项。该套程序中的标准化表格有助于确保研究人员收集各个地点的数据并有效统计数据，同时使数据便于工作人员理解，这种表格大大减少了研究人员的事前培训时间。根据标准的评估程序，工作人员根据用户偏好和空间特征，确定了标牌的颜色，确定了标识的数量、措辞、字体大小和放置高度等，以实现最佳可见性。

美国田纳西大学图书馆的早期评估指标相对比较简单，包含入馆

---

① Sarah Lippincott. Mapping the current landscape of research library engagement with emerging technologies in research and learning: final report [R/OL]. [2022-12-03]. https://www.arl.org/resources/mapping-the-current-landscape-of-research-library-engagement-with-emerging-technologies-in-research-and-learning/.

② 井攀. 美国高校图书馆学习空间规划评估研究及启示 [J]. 图书馆工作与研究, 2022 (7): 40-46.

量、借还量、共享空间使用人数、使用时长等基础数据；后期纳入了更科学、更深层次、更系统的评估方式，采用国际图书馆界广泛使用的 LibQUAL+以及 MISO 等定量评估工具面向全校师生定期开展大规模的综合性调研。此外，图书馆还通过 LibValue 项目对共享空间的使用情况开展专项评估，专门探讨图书馆空间对学生成功的影响。该校信息学教授认为：在图书馆空间评估方面，定量数据可以展示投入产出比以及发展趋势，而定性数据更能个性化地看待数据。[①]

澳大利亚迪肯大学图书馆在 2008 年开启了一项 TLEP 空间改造项目，计划打造一个适应和满足用户不断变化的、开放性的、包容性的空间。经过多个阶段的改造，项目团队意识到改造前的空间价值评估的重要意义。因此，TEALS（高校图书馆空间价值评估工具）项目作为 TLEP 的前期项目被列入日程，这是图书馆空间评估、设计前置的优秀做法，值得许多正在建设或即将建设的图书馆去思考。[②]

随着信息技术的不断发展，信息社会中空间需求进一步与图书馆的信息服务功能相分离，呈现多元化态势。澳大利亚迪肯大学图书馆空间类型多样，根据初步统计，安静的个人自习空间有 31 个，小组学习间有 20 个、会议讨论间有 18 个、协作社交间有 5 个、其他空间有 6 个。这种比例符合师生的需求意愿，因为更多的人倾向于安静学习。在该馆所做的一项调查中，对于"图书馆内最能激发其灵感和创意的

---

① 夏圆，顾建新. 美国田纳西大学图书馆共享空间的建设、评估及其启示 [J]. 图书馆杂志，2019（11）：72-79+120.

② 赵静，王贵海. 美澳高校图书馆空间价值评估及启示 [J]. 图书馆工作与研究，2018（4）：31-36.

因素"这一问题，被采访的37人中有24人推荐了包括桌椅、色彩、沙发、灯光、艺术长廊在内的空间设计和软装饰，实际上，这些要素能够很好地作用于用户的思维与意识形态，能够帮助用户激发学习力、创造力。①

三、基于用户反馈的评估

美国杜克大学图书馆针对空间建设成立了评估和用户体验部门，通过收集和审查用户反馈，确定存在的问题并提出改进措施。该馆意识到图书馆物理空间的设计对用户的意义。在调研中，杜克大学图书馆评估和用户体验部门得出以下结论并开展相关做法：

一是在关注隐私的基础上增加开放空间。由于隐私既涉及空间的可见性，也涉及在不隔断的情况下噪音的制造。比如：对于以安静为常态的空间，缺乏隐私措施会使用户感到被暴露。杜克大学图书馆的做法是：对于团体空间，该馆在团体阅览桌旁放置分隔物或隔板，既可以较好保护隐私，又可以提供有用的便利设施，还可增加站立学习区；对于安静的空间，可以通过改变家具的类型和高度以及将家具转向不同的方向来改善隐私，避免人们面对面。

二是将嘈杂区域与安静区域隔离开来。控制噪声是图书馆的常见任务。图书馆是校园中能够提供安静学习环境的空间之一，如何为需要的人提供足够安静的空间，同时又能兼顾团队工作和社交服务？对

---

① 盛艾. 澳大利亚迪肯大学图书馆空间评估工具探究［J］. 图书馆论坛，2014，34（11）：121-125+98.

此，杜克大学图书馆的做法是将安静的空间与咨询台、复印机、自助设备等噪音源隔离开来，或将它们放在不同的楼层。同时，书架也可以帮助分隔空间，因为书籍可以吸收一些声音，而视觉分隔可以减少学生安静学习的视觉干扰。

三是物理空间需要网络支持。杜克大学图书馆在实体建筑中设置一些标牌来区分不同的声音分级空间，同时，该馆网站可以提供空间的基本概况，包括：有关导航实体空间的详细信息（地图、平面图、照片）、空间的感官信息（噪音、隐私、照明、化学敏感性）、实体建筑无障碍、停车/交通信息、残障服务联系方式、辅助技术硬件和设备、空间的任何可访问性问题、使用政策等。

第七章
图书馆特色服务与未来转型

第一节 资源存储服务

哈佛大学图书馆是美国最古老的图书馆，也是世界上藏书最多、规模最大的大学图书馆。随着计算机、电子信息技术的发展，为满足新的现代社会的需求，近几年做出了一些创新举措，创建哈佛大学文献存贮中心。文献存贮中心致力于以下几方面工作：①保护和保存好文献。②满足文献存贮服务需求。③把资金最大限度地用于大学和读者的利益上。④加强对存贮中心在数量和质量上的评估。⑤合作共建，进一步完善文献存贮中心工作。

哈佛大学文献存贮中心为环境可控的、高密度排架方式的储藏书库。为避免因密集排架造成阅览受限，影响馆藏的使用，存贮中心采用先进的自动化管理技术，既能节省场地保存好藏书，又能根据读者借阅要求，把书籍很快地运送回校园，及时提供给读者使用。目前美国一些馆藏空间不足的大学图书馆也在模仿哈佛大学的做法，在郊区建设文献存贮库。在实际工作中，文献存贮中心的自动化、数字化推动了哈佛大学图书馆数字化资源的建设。①

康奈尔大学 1978 年建造了高密度藏书库。建立之初只存放使用率低的图书、期刊和用于档案资料库内无温湿度控制的藏书的临时周转。1998 年，为扩大图书馆存储空间，为未来图书馆发展及资源合理使用创造条件，康奈尔大学董事会决定投资 460 万美元扩建原有的高密度藏书库，新书库采用哈佛大学密集书库的设计方式，扩建后的总库存量约为 200 万册。2004 年又扩建新增库存量约 460 万册。现今，康奈尔大学密集藏书库已经成为设备先进的、环境可控的、服务便捷的高密度储藏库。康奈尔大学高密度藏书库采用现代化的管理方式，书库内恒温 10℃，相对湿度 35%。高密度、安全清洁、设备齐全，书库的运作规范、科学。书库内还设有读者阅览室，配备无线网络、计算机、打印机、复印机和缩微品阅读器等设备，为读者提供便捷的文献传递服务。②

储存图书馆（Depository Library）也称"存储图书馆""托存图书馆""寄存图书馆""密集书库""图书储藏库""储备书库"等，是收藏和保存低利用率文献资源的图书馆，多采用密集货物储藏和固定排架的方式。"储存图书馆"这一概念是由美国哈佛大学校长查理斯·威

---

① 崔宇红. 一流大学图书馆建设与评价研究 [M]. 北京：中国科学技术出版社，2011.

② 于宁，陈虹. 高校图书馆的远程书库建设 [J]. 图书馆杂志，2009，28（9）：45-47.

廉·艾略特（Charles William Eliot）于1900年首次提出的，他建议把高利用率的藏书与低利用率的藏书区分开来，用密集储存的方法把低利用率的藏书集中存放起来。合作储存图书馆可将两馆或两馆以上的低利用率文献集中存放在一起，密集储存，限制复本，统一管理，从而解决多个图书馆低利用率文献的保存、共享问题。合作储存图书馆不是简单地拓展各成员馆的馆藏空间，而是一种对低利用率文献利用的储存与共享模式的创新。[①]

美国斯坦福大学图书馆已经积累了850万册（件）藏书（图书、期刊、乐谱等印本资源）、150万件视听资料、75000种期刊、上千种电子资源和近600万件缩微胶卷和平片。特藏部和大学档案馆收藏了26万种特藏稀有藏书、5900万页的未出版资料（包括档案、手稿、论文、名人通信）、几十万件档案照片、合作记录（包括硅谷历史和加州志资料、斯坦福大学历史档案等）。书库中凡15年未曾出借的书，都转存封闭到集装箱式的备用书库中。

康奈尔大学是一所研究型大学，最初以农工学院为特色而起家，传统优势专业包括农业、兽医、工科等。康奈尔大学图书馆空间服务中 "Group Study Room" 和 "Meeting Rooms" 占据了50%以上的比例。这些类型的空间服务恰恰满足了康奈尔大学工科、农业等学科学生的团队研发、学习讨论等需求。[②]

---

① 陆丹晨. 高校图书馆管理的创新性研究 [M]. 石家庄：河北人民出版社，2018.

② 傅敏. 数字环境下国内外高校图书馆空间布局比较研究 [J]. 高校图书馆工作，2017，37（3）：41-45.

第二节 特色馆藏服务

一、教学支持服务

美国康奈尔大学图书馆在网站上提供86门课程，用以支持学生拓展学习与自主学习。课程形式主要包括：提供常规的学期与暑期课程；提供合作教学；提供主题讲座。同时，该馆的特藏馆员制作了一系列课件供师生免费利用，课件主题包括：康奈尔大学历史和当地历史、流行文化等。另外，该馆还提供参观讲解、开设各类展览服务，宣传本馆服务与馆藏，目前展览实现了实体和虚拟同步进行。

二、科研支持服务

在资源获取方面，美国康奈尔大学更是自主研发了一套检索系统，功能主要包含：信息资源获取、图书与空间资源预约、解答用户信息咨询以及为申请研究项目的用户提供查新服务等。[①]

这几年，共享性、低成本、易操作的FOLIO成为研究热点，康奈尔大学图书馆积极组织专业团队进行FOLIO研发，2019年康奈尔大学

---

① 兰小媛. 美国康奈尔大学图书馆特藏发展与实践研究 [J]. 图书馆建设，2016（10）：30-35.

成立了一个团队来管理 FOLIO 的实施，目标是在 2023 年 7 月上线。该校组建了一个项目实施团队，成员来自图书馆各个关键部分，包括：报告、财务、元数据管理、访问服务、用户测试、采访、丛书处理、编目、电子资源管理（ERM）、培训、基础设施、集成、发现和数据迁移。除了这些领域的"引领"之外，许多图书馆工作人员成为主题专家（SME），帮助培训，或参加 FOLIO 社区特别兴趣小组（SIGs）。图书馆还聘请了一名信息技术项目经理来领导这个项目。康奈尔大学图书馆已经定制集成了许多其他应用程序，包括：馆际互借、技术服务（主要指 EBSCO 发现服务、全球在线书目信息）、教学参考服务、珍本和手稿收藏服务等。

三、学习支持服务

康奈尔大学图书馆在学生完成作业的过程中会给予大量帮助，通过服务来解决大学生在论文写作过程中遇到的各种问题。对于在选择研究主题上面临困难的学生，图书馆为他们提供了选择研究主题服务，图书馆员可以协助用户选择一个可研究的主题，帮助用户在 CQ Researcher 或 Credo Reference 上确定其主题范围，也可以在报纸、期刊上寻找关于所确定研究主题的流行报道，图书馆的网页中也有详细的视频介绍如何了解课题，并发掘潜在的研究路径。

除上述服务外，康奈尔大学图书馆还面向用户提供引用来源、学术资源评估等方面的服务。学术资源是一种可信来源，但有许多种可信来源并不是学术来源，是否使用学术资源取决于学生的作业要求，考虑在学生作业完成的过程中应该始终使用可靠的信息资源，图书馆也在这方面帮助学生。通过在图书馆网页中发布关于如何评估学术来源的指南介绍，从确认偏差、作者专长、可验证性、客观中立的写作、数据呈现、出版声誉、利益冲突等几个方面指导用户更好地进行学术资源评估，除文字版外，指南也提供视频、音频介绍。如通过上述渠道学生还是无法解决所遇到的问题，那么图书馆将开展对口咨询服务，图书馆配备有多位专职馆员接受用户在这方面的咨询。

第三节　专业咨询服务

美国哈佛大学图书馆有专门的研究馆员为读者提供一对一咨询（Consulting One-on-One）服务。读者可以利用电子邮件、即时通信工具或短信提交咨询问题，馆员会协助读者有效地利用图书馆的各种资源。哈佛大学图书馆还与谷歌合作进行资源整合利用，扩大服务业务。例如，把分散在90多个哈佛分馆的藏书进行数字化，通过网络平台开通移动阅读服务，让读者可以随时随地搜索、阅读该图书馆的所有电子资源。[①]

美国康奈尔大学图书馆的咨询馆员素质高、能力强，咨询馆员必须具有图书馆学或情报学硕士学位，或其他专业硕士以上学位。在聘用咨询馆员时，要考虑专业背景，外语水平，教学或公共服务经验，

---

① 肖竹青.高校图书馆文献采编与读者服务研究［M］.北京：企业管理出版社，2019.

对印刷型和网络型参考工具及信息资源的掌握程度，独立工作能力和团队合作精神。在强调良好的写作、口头表达及人际沟通能力的同时，还十分看重计算机操作技能，因为许多咨询岗位要求馆员具备计算机硬件、软件或编程知识。所有咨询馆员必须具备熟练的数据库检索技能。康奈尔大学图书馆的参考咨询部将服务工作贯穿师生的科研活动始终，全方位提供参考咨询服务。对正在撰写学位论文的师生，提供最适合研究课题的有关文献。康奈尔大学图书馆参考咨询部根据教学与科研的需要，积极开展多层次、多形式、内容丰富、针对性强的用户教育活动。所有培训全学期开办，师生可随时报名，随到随学。在培训过程中注重边讲解边演示，鼓励学员动手操作，同时开展新生写作研讨班、大课咨询、研究生、教辅人员和教师培训、新技术服务、留学生教育等。[①]

第四节　通识教育与阅读推广服务

一、通识教育服务

美国哈佛大学通识教育阅读书目推荐。哈佛大学在暑假前为学生

---

① 曾建平. 美国康奈尔大学图书馆参考咨询服务 [J]. 图书馆杂志，2010（8）：60-61+26.

推荐阅读书单已成为一个传统。这些优秀书籍通常由各院系教师推荐，内容涉及各个领域，包括经济学、法学、文学、地质学等多个学科，旨在为学生提供阅读方面的参考，使学生更好地利用暑假时间延伸阅读、充实自我。此外，还有经典的哈佛大学百名教授推荐书目。这些书目内容涉及文学、经济、心理学、政治和数学等，目的是通过阅读帮助大学生从优秀发展为卓越。

在哈佛大学这100名推荐图书的教授中，有的来自政治学、法学、管理学、历史学、哲学、人类学、建筑学等专业领域，这些好书对他们的思想、事业和生活均产生过重大影响，教授与学者们希望通过自身的阅读收获来提醒大学生们通过阅读实现人生的更高目标。从书目看，哈佛大学教授的阅读非常多样化，推荐的图书重复率非常低，这个书目至今仍非常有影响力。[1]

二、项目支持服务

美国北卡罗来纳州立大学图书馆建有可视化技术体验中心，配备了大规模显示设备、监视设备，还有VR教育系统等，为理工类院系师生提供可视化教学环境，也可助力学术科研、课题项目的开展。该图书馆建设的游戏实验室旨在开辟人机交互研究领域的发展，它能够将人文科学、管理学、理工学科等各类学科资源进行整合，为师生和科研人员提供仿真模拟系统、人机交互设备，从而协助他们探索新的游戏环境、开发趣味性教学方法、开展协作性培训。此类馆舍空间很好

---

[1] 朱小梅，王丽丽. 通识教育与阅读推广 [M]. 北京：朝华出版社，2019.

地营造了一种顺应信息化时代的多维度、跨领域学习氛围，能够促进读者与信息、技术、空间之间形成良好的互动，吸引读者到馆学习，并激发他们的知识创造力与专业兴趣点。

北卡罗来纳州立大学图书馆的可视化技术体验中心极具现代性，下设中心主要有学术交流中心、信息技术教育中心及实验室、数字媒体实验室、应用性研究实验室、数字图书馆计划部、学习技术服务处、教职员发展服务小组、数字出版中心等多个部门，这些部门与校内各教学科研单位形成紧密合作，对其各项学习、研究和创新工作提供包括法律援助在内的全方位支持。①

三、远程学习服务

用户可以通过登录自己的账号，远程访问北卡罗来纳州立大学图书馆丰富的在线信息资源库，包括电子期刊和文章数据库，用以支持其学术研究，对于一些需要馆际互借的书籍或期刊，不仅可以提供网络交付的形式，直接发送至使用者邮箱内，也可以在申请表中填写自己的地址，让图书馆送货上门。②

四、阅读推广服务

上海大学在图书馆特定区域设立了占地面积约80平方米的"读者荐购书店"，设立了科学合理的选书、购书、荐书模式，以畅销、长销

---

① 张丽娟，陈越，李丽萍. 高校图书馆的智能化管理与服务：北卡罗来纳州立大学图书馆带来的启示 [J]. 大学图书馆学报，2015，33（2）：26-29.

② https://www.lib.ncsu.edu/distance-learning-services.

书为主，其主要针对休闲型阅读需求的读者，以及学习科普型阅读需求的读者。①中国图书馆学会已经举办多期"全国图书馆未成年人服务提升计划"培训。图书馆应该理顺阅读推广，特别是未成年人阅读推广的组织形式、业务流程、服务资源、目标人群、绩效评估等业务活动，推动阅读推广的专业化建设。阅读马拉松赛事从阅读推广出发，将阅读方法、阅读群体、阅读社交与技术实现、平台竞争相结合，以6个小时的参赛时间鼓励阅读爱好者全身心投入阅读，让参与者聚精会神地沉浸到深度阅读状态，鼓励读者养成良好的阅读习惯，从而展现出读书人的文雅风采及坚定的毅力和强大的专注力。②以"阅读马拉松"为例，长三角阅读马拉松大赛要求参赛者组团而坐，在固定时间内精读一本书，以答题并打分的方法评优颁奖。阅读马拉松在各类型图书馆均适用，各大省市图书馆、高校图书馆均有举办阅读马拉松的历史。在活动结束后，主办方会对参赛选手颁发奖牌、礼品等。上海图书馆在抖音等平台开展直播活动，并且对读者活动进行颁奖以及赛后讨论。结合新媒体服务，使得用户在全媒体的状态下受到图书馆的各类文化熏陶，包括讲座、展览以及培训。

---

① 徐晓，陈琳，叶春波. 高校图书馆"书店式"阅读推广创新服务模式探析：以上海大学图书馆读者荐购书店为例［J］. 图书馆杂志，2022（11）：1-10.

② 律婳. 浙江省公共图书馆首届阅读马拉松挑战赛案例设计［J］. 图书馆研究与工作，2017（8）：21-23.

第五节 无障碍服务

美国哈佛大学图书馆严格遵守校园信息技术在线无障碍政策，按照万维网标准提供无障碍在线电子资料查询、阅读及下载服务。图书馆还为来访人员准备了无障碍辅助设备并开放无障碍自学区。全校图书馆共设有47个无障碍自学区，自学区内设有轮椅席位或可移动无障碍设施，来访人员可提前在线预订使用上述设施。[①]同时，美国哈佛大学图书馆十分关注残障读者。哈佛大学图书馆设有百余个分馆，其中32个分馆为残障读者提供服务，这些分馆在建筑设计及服务设施配备方面充分考虑残障读者的特殊性，配备了残障读者专用的阅读设备。例如，卡伯特分馆配备了6个轮椅可达的工作站和网络打印机，霍顿分馆配备了笔记本电脑，罗卜音乐分馆配备了专门的听力设备等。这些设施设备，都使残障读者可以与其他读者一样公平地利用图书馆资源，享受平等的学习和接受教育的机会。[②]

康奈尔大学图书馆为残障用户提供了多项辅助技术服务，首先，所有图书馆及其分馆的公共计算机都安装了基本辅助软件、屏幕阅读软件，配备了文本放大液晶显示屏幕，分馆曼恩图书馆提供了盲文打

---

① 邵磊. 无障碍与校园环境 [M]. 沈阳：辽宁人民出版社，2019.

② 李西宁，张岩. 图书馆经典阅读推广 [M]. 北京：朝华出版社，2015.

印机以及易拼写输入法等。另外，康奈尔大学图书馆还降低了桌子的高度、帮助扫描文献电子档并发送给无法来馆的用户，方便肢体残障用户。对于有极特殊需求的残障用户，该馆会提供独立学习空间免费使用。在面向视力较弱的人员，该馆提供了会说话的计算器、会说话的文字处理器，提供文本转音频服务，帮助附近社区人员完成表格填写和法律咨询等服务。

近年来，上海图书馆通过不断改善提升窗口服务条件，积极拓展服务功能，尽最大努力满足残障人、老年人等特殊群体对公共文化服务的需求。1996年，上海图书馆在国内首先实施了建筑无障碍规划。近年来又增设了电梯盲文按键、盲文导览图等。新建成的上海图书馆东馆专门规划了100多平方米"无障碍阅览区"，并对东馆的全部无障碍设施按照国际国内最新标准进行了规划和实施，比如：设置卫生间和电梯扶手，设计馆内盲道，提供电梯的低位按钮，在触摸设备上设置语音播报、盲点字等，停车场还提供了无障碍停车位。在阅读方面，上海图书馆专为视障用户开辟了"视障阅览室"，提供了方便这些用户利用的"视障读者工具包"。另外，视障阅览室还开设了无障碍计算机操作培训班和无障碍数字图书馆。

俄罗斯盲人图书馆注重盲文图书馆服务水平的提升和相关领域的学术研究，不仅负责俄联邦所有盲人图书馆的师资培训、馆员培训，组织开展盲人读者服务大型研讨会，同时还负责对全俄从事盲人教育、盲人家庭成员教育、残障人教育及为全俄盲人教育和残障人教育的专业人员服务。为全俄96家公共图书馆、42家地方盲人图书馆和22家特殊学校视障阅览室提供定制服务和馆际互借服务。作为俄联邦盲人图书馆中心馆，历来有图书出版的传统，长期以来，每年坚持出版量达100个印张普通图书、有声书、电子书和盲文书。[1]在服务过程中，盲文资源的多样性、服务范围的广泛性是该馆的服务特色之一。

英国剑桥大学图书馆分别在校园宿舍部门、学生管理部门和图书馆等机构设立了残障人士求助服务电话。除了各院系内部分馆外，校内还有5个重要的图书馆。室内安静，无交通噪音，无线网络全覆盖，设置了电梯以及配备了可自我调节高度的桌椅和紧急疏散座椅。馆内路引标识及重要设施标识清晰，照明条件良好，配有放大镜等辅助阅读设备。该馆共7层，设有9部电梯并设有无障碍停车位。馆内设置有无障碍卫生间、公共休息室、展览中心、储存空间、辅助器具室和宽敞明亮的阅读室。阅读室内设有固定书桌和可移动座椅；辅助器具室内设有扫描仪、大屏幕电脑设备、海豚超新星放大设备、读屏软件专用电脑键盘、便于视障群体使用的轨迹球鼠标、人体工程学座椅和3张可调节高度的书桌。此外，剑桥大学图书馆还雇用了专业救护人员，馆内大部分图书都适合所有人阅读。五大图书馆中仅有一个未修建无障碍卫生间，但整体无障碍环境良好，设施齐全，方便所有人使用。[2]

上海图书馆联合上海市邮政局推出暖心盲文书、有声读物邮寄服务。通过盲协审核的视障读者可申请上海图书馆的免费盲文书邮寄服务。借还书均通过邮政上门，视障读者需要借阅的盲文资料可以拨打上海图书馆视障服务专线。现上海图书馆有中英文盲文书籍7000余册，

---

① 包国红. 俄罗斯国立盲人图书馆的服务创新［J］. 山东图书馆学刊，2021(6)：79-84.

② 邵磊. 无障碍与校园环境［M］. 沈阳：辽宁人民出版社，2019.

期刊636册，有声读物2万多盒（盘）。

上海图书馆专门为视听障碍者提供服务，听书资源和设备一应俱全。在听书方面，上海图书馆共有400余台阳光听书郎可供外借，凡持有视力残疾证的读者均可享受听书设备外借服务。同时，上海图书馆为满足读者在线听书的需求，引进了900台第三代可以联网的听书郎设备。另外，上海图书馆还采购了4000余种有声电子书，专供视听障碍读者来馆使用。在用户培训方面，上海图书馆积极思考、主动作为，联合上海市盲人协会每年举办1—2期无障碍计算机、无障碍手机培训班，其视障阅览室的计算机不仅提供无障碍培训服务，还在非上课期间为视障读者提供练习、上网、娱乐等服务，举办的征文比赛、合唱比赛、知识竞赛等活动丰富了视障读者的生活。

第六节　数字隐私及其他服务

一、数字隐私服务

IFLA（国际图书馆协会联合会）发表《图书馆环境下的隐私声明》（2015）、《关于被遗忘权的声明》（2016），ALA（美国图书馆协会）出台了《图书馆隐私指南》（2016）、《隐私权：对图书馆权利法案的解释》（2019）、《联络追踪、健康检查和图书馆用户隐私指南》（2020）等。我国应学习借鉴国外行业组织的做法，结合我国实际，分行业

（图书馆、博物馆、文化馆等）或跨行业统一制定建议性的公共文化领域用户隐私管理行业指南。[①]

美国康奈尔大学举办隐私素养课程培训及隐私研讨会、讲习班、座谈等活动，使用户学习隐私知识和相关技术，了解互联网工作原理、公钥加密原理、隐私政策等，教育用户保护个人隐私安全措施，识别隐私风险。通过对隐私保护知识及技术技能的学习，馆员提高隐私保护服务水平，用户提高自我隐私保护能力。为了满足用户了解隐私政策和隐私知识的需要，康奈尔大学图书馆提供丰富多元化的隐私知识资源，在图书馆主页设有隐私保护服务专栏，主题包括威胁防控建模、图书馆监控技术、第三方分析和跟踪、人工智能技术等。同时，该馆提供数百家供应商的在线电子资源，供应商对用户隐私的保护有较大差异，一些供应商仅要求用户确认隶属于订阅机构就可获得访问权限，而有些供应商要收集更多的用户信息。康奈尔大学图书馆反对侵犯隐私的行为，图书馆与第三方供应商就在线电子资源的许可协议进行商谈，采用隐私许可证的形式限制隐私数据使用、禁止个人数据共享，保持与图书馆相同的隐私和信息安全级别。另外，在用户需求分析及隐私风险评估基础上，开展数字隐私咨询以满足用户多元化、个性化需求。在法规政策方面，专业馆员为用户提供隐私法律知识和政策咨询；在隐私知识与技能方面，专业馆员提供隐私知识及隐私安全技术

---

① 吴高. 人工智能时代公共数字文化服务个人隐私保护的困境与对策［J］. 图书馆学研究，2021（10）：39-45+54.

指导、隐私工具使用等咨询。①

随着文化与科技的不断发展，近年来，图书馆在开展流通阅览、信息检索、文献传递、馆际互借等常规服务的基础上，对用户隐私问题也特别重视，尤其是大数据时代的信息安全更成为保护重点。众所周知，用户在利用图书馆服务的过程中不可避免地涉及个人隐私，从外在看，姓名、年龄、联系方式等基本信息会在开通入馆权限时被图书馆保存；从内在看，用户在检索某一方向的信息、下载某电子图书或论文以及外借了某种图书时，被图书馆和数据商的系统后台所记录。在新技术层出、社交媒体盛行的时代里，用户通过互联网获取资源与信息的行为更为普遍，新闻媒体、搜索引擎、购物网站、社交平台等凡用户可访问的网站、APP 等，均具备了自动收集、抓取用户信息的功能，这些行为威胁着用户的个人信息安全。图书馆作为公共文化服务机构，有责任在提供服务与保护隐私之间找到契合点。

实际上，图书馆提供便利服务与用户隐私保护之间存在着博弈关系，因此，多年来，图书馆行业一直在思考并实施保护用户隐私的策略，提供相关课程与培训以增强用户的自主防范意识，如：开设知识产权保护课程、开展防诈骗教育、组织数字隐私素养培训、虚假消息识别等。②而在图书馆的数字隐私保护工作中，图书馆员是关键的执行角色，因为图书馆员在面向用户开展服务的过程中，掌握大量的个人

---

① 俞德凤. 美国康奈尔大学图书馆隐私保护服务及启示［J］. 农业图书情报学报，2021，33（11）：28-37.

② 陈春雷. 大数据时代美国图书馆隐私管理规范研究［J］. 图书馆建设，2020（3）：76-81.

信息和数据，图书馆需定期开展职业道德教育，以避免在数字时代用户信息泄露和出现安全隐患。

二、研讨会服务

美国北卡罗来纳州立大学图书馆定期举办不同主题的研讨会，其中最为知名的是"同行学者计划"，它是通过北卡罗来纳州立大学图书馆举办的一系列研讨会，由具有特定研究技能的博士后学者和研究生领导，包括（但不限于）设计、编程、分析、沉浸式技术、可视化和数据分析等，仅针对北卡罗来纳州立大学的学生、教师和工作人员开放。同时，图书馆还会定期开展数据与可视化、研究策略探讨会，目前多为线上形式开展，既方便校内用户学习，也方便一些远程学习者参与到图书馆的学习中。

三、高新技术创新服务

美国北卡罗来纳州立大学亨特图书馆在建筑方面负有盛名，整体建筑坚持绿色低碳环保、设计独特的理念，在高新技术、空间建设、创新服务等方面同样引领着行业发展。该馆在建设多样化空间的过程中，始终将高新技术融入空间之中，重视用户的全方位体验，同时，支持用户协作学习与研究，提供可视化服务和沉浸式服务，虚拟现实技术满足用户跨学科研究、设计建模、演讲演示、媒体制作等。另外，亨特图书馆的高密度存储书库更是利用新技术提供创新服务的典型，书库采取高度密集的货柜型书架，由机械手臂自动取书，既节省了空间，也提高了流通效率。

四、智慧服务

无感借阅。图书馆借还图书服务经历了永久磁条的手工借阅时期，又转入可充消磁条的手工和自助借阅时期，后发展到高频、超高频的无线射频技术（RFID）时期，随着5G技术的出现，将智能传感器放入书中并连接网络就实现了无感借阅。

智慧导览。用户在图书馆面对复杂的建筑、大量的资源以及各类导视标识信息时，需要快速做出选择和判断，而智慧导览就是解决这些问题的利器，它借助智能设备将图书馆导视、服务项目、资源分布等展示给广大用户。[①]

五、新媒体服务

随着新媒体的不断出现，图书馆的营销与推广手段已由最初的网页转为微博、微信等，近几年更是拓展了新的媒体形式，例如短视频平台、自营APP等，上海图书馆通过微信公众号发布了精心策划的新馆开馆纪录片，该片不同于以往的图书馆空间和功能的介绍，而是将经典图书、经典文学中的语言与各区域功能融为一体，使读者在观看时既直观地了解新馆的外观与内在，又可通过精彩的解说语找到某本图书，上海图书馆这种借助新媒体推广纸质阅读的方式十分新颖。

---

① 王娇. 5G时代智慧图书馆服务创新研究［J］. 图书馆学刊，2022，44（1）：59-62.

虽然，社交媒体发展已较为成熟，但图书馆依靠用户"自媒体"开展阅读推广的潜力尚有待挖掘。[1]经笔者初步调查，目前国内图书馆官方抖音号较少，已发布的图书馆抖音号的关注量不高、推广内容单一、用户吸引力不够、营销手段不足。截至2023年4月，国家图书馆抖音账号关注量为12.9万，而与其文化功能相近的中国国家博物馆的关注量却达101.2万，这其中的巨大差异值得图书馆管理者深思并改进做法。[2]

六、文旅融合服务

2018年，文化和旅游部推进文旅融合全新发展，"文旅融合"也成为学术界热衷探讨的词汇，将文化与旅游结合起来，在旅游中感受文化、在文化中体验旅游，这是图书馆行业走向开放、重塑品牌的重要举措，更是图书馆改变营销手段的主动作为。上海图书馆在承办的论坛中多次提及文旅融合[3]，这为文旅融合走入图书馆行业提供了新的航向，更是图书馆营销自己的良好契机。

七、研学旅游服务

自2015年到现在，仅中国知网关于图书馆研学旅行的相关文章就

---

① 牛国强. 短视频APP在图书馆阅读推广中的应用前景探析 [J]. 图书馆工作与研究，2021（4）：115-123.

② 李菁楠，刘斐，姚兰. 基于短视频App的图书馆服务研究：以抖音为例 [J]. 图书馆研究，2020，50（6）：89-96.

③ 钟阳. 文旅融合背景下高校图书馆创新服务研究 [J]. 文化产业，2022 （24）：92-94.

有80余篇，可见这种集学习、旅行、阅读为一体的体验方式将更加符合用户的需求。在旅游业重振的当下，旅游公司将目光转移到了高校和图书馆方面，以保证求学选择的精准性。图书馆研学旅游有利于人们增长见识与发展个人能力。在国家和地方各级政府的利好政策支持下，研学旅游服务逐渐回暖并呈现强劲的发展态势，2020年，中国研学旅游业的市场规模突破了1200亿元。[①]图书馆行业需结合欧美研学旅游业的发展成果，主动将本馆特色和校园特色推介给当地旅游公司，以使图书馆与博物馆、展览馆和其他地标建筑一起作为研学旅行的文化景点，发挥传统文化育人、空间体验育人等功能。

八、赛事营销服务

图书馆赛事项目丰富多样，国际图联设立了图书馆国际营销大赛，2021年3个中国图书馆项目入选。国内比赛有馆员技能大赛、业务知识大赛，如西安市图书馆举办了阅读推广人才选拔大赛。比赛形式丰富多样，以提升馆员综合素质以及服务能力为目的设立。面向读者的比赛更为多姿多彩，儿童、青少年的主体比赛，如北京大学附属小学图书馆"点亮图书馆"项目用游戏的方式创新活动，荣获2021年图书馆国际营销大赛第二名。阅读马拉松大赛、信息素养大赛、知识竞赛、海报设计大赛、征文比赛，这一类竞赛项目旨在提升用户参与度，增强图书馆文化建设职能，让图书馆发挥影响力。

---

① 金龙. 文旅融合背景下公共图书馆研学旅游服务创新策略 [J]. 图书馆工作与研究，2019（5）：123-128.

九、人性化服务增加用户体验

澳大利亚迪肯大学图书馆在发展中始终秉承人性化服务理念，并将用户体验与反馈作为评价图书馆的重要指标。该馆建筑外观简洁大方，内部格式通透、设施齐全。该馆书架空间采取图书与阅览座位融合的全开放、全通透的格局，所有图书和期刊供用户自由取阅。室内灯光环境分为自然光和装饰性灯光两种，满足了用户的个性化需求。图书馆空间规划极为高效，馆内的走廊、中厅等非正式空间都放置了计算机、休闲桌椅和充电设施等。在该馆的还书箱位置，专门设置了方便残障人士投放图书的低矮柜子，最大限度地体现了人文关怀。①

迪肯大学图书馆在发展中始终坚持大学图书馆的核心价值，即在使信息公开化和为学习者、研究人员和社区提供使用方面发挥重要的作用。该馆的愿景：迪肯图书馆将使一个充满活力、丰富和包容的思想生态系统在迪肯内部蓬勃发展，并有助于在全球创建一个更知情、更进步和更公正的社会。为了实现这一愿景，将通过以下手段来实施：

（1）以经验为中心。拥抱以人为中心，重新设计服务、获取和体验，重点是与学生和研究人员见面。

（2）以智慧为原则。利用数据来更好地理解客户，推动个性化，不断培养有才华的、多样化的员工队伍，并发展深厚的专业知识来支持新兴的服务，并利用敏捷的方法来推动创新和以未来为中心的思维。

---

① 李向红. 澳大利亚迪肯大学图书馆印象［J］. 图书馆界，2009（2）：52-55.

（3）以实验为前提。拥抱一种有目的的、数据分割的实验文化，并赋予领导和员工测试、学习和迭代想法的权利。

（4）全球化。寻找以客户为中心、社区参与、设计、数字体验和服务创新的新基准。采取网络化的、生态系统的观点——专注于标准和互操作性。

在数字素养体验方面，迪肯大学图书馆更是走在图书馆行业发展的前列。该馆专门制定了基于本校师生信息需求的数字素养体系与框架，旨在通过图书馆提供的技术平台、设备设施来提升师生的信息检索、信息利用与信息传播的能力与素养。

第八章
图书馆员的转型机制研究

第一节　图书馆与用户面临的形势

2022年12月召开的"元宇宙与智慧图书馆高端学术论坛"上，上海图书馆副馆长刘炜提出，图书馆3.0是图书馆2.0的延续，而元宇宙可以认为是Web3.0的应用形式。这就提出了一种信号，元宇宙在未来图书馆服务过程中，尤其是图书馆基于用户体验和用户需求的图书馆空间、图书馆导视建设中，将发挥巨大作用。

在信息技术高速发展以前，图书馆是用户检索文献、获取信息、知识交流的主要机构，图书馆通过采购书刊、制作检索目录等方式满足了用户的学习科研需求，但在信息技术不断发展以后，图书馆的地位受到了搜索引擎、数据库供应商、知识问答平台等检索源的冲击，这些检索源契合了用户搜寻信息时个性化、多元化的特征而一跃成为图书馆的竞争对手。因此，图书馆需根据用户的检索行为做出相应改变。

这种改变包括自建知识库、开发区域和地方资源，以及借助图书馆联盟提供的共享软件平台如一站式检索系统、FOLIO（未来的图书馆是开放的）共享代码、开源程序和软件等推广本馆的资源与服务。同时，图书馆可与书店、出版社合作，共建信息共享空间、创客空间、休闲冥想空间和TOP榜图书空间等以满足用户需求。[①]

香港大学图书馆在做好馆内常规服务的基础上，不断进取，向高层次、社会化服务领域拓展。香港大学图书馆在优化资讯检索和开展远程访问图书馆内的电子资源上取得了重大进展。通过Metafind，读者可以一次性检索图书馆目录、数据库和互联网等不同资源。馆藏部分电子资源也对毕业生和校外课程学生开放，使图书馆真正成了"没有围墙的大学"，在知识型经济和终身学习中扮演着日益重要的角色。[②]

美国哈佛大学图书馆在空间建设、导视建设与评估方面融入了多项新技术。为了更好地开展相关工作，该馆依托图书馆现有设备和设施，成立了由3名技术人员组成的评估中心。中心的技术人员通过让用户佩戴各种可穿戴设备来采集用户在利用图书馆空间、服务、各种资源和设备时的心理和行为数据，具体做法是通过现场观察和视频调研选取一周内的10个不同时间段，收集在图书馆各个空间里的用户数据，之后对调查结果进行详细分析，最后评估图书馆空间利用效果、导视服务效果及用户评价效果等。在采集用户行为数据的过程中，Tobii

---

① 戴莹. 泛在信息社会下图书馆智慧化服务体系研究 [J]. 图书馆学刊，2018，40（9）：52-55+70.

② 姜汉卿. 知识改变命运 [M]. 北京：研究出版社，2018.

Pro 眼动仪是哈佛大学图书馆主要采用的设备，参加调研的用户戴上眼动仪，每天利用1小时完成评估中心指定的4项任务，由于眼动仪是专为用户而设计[①]，因此能够获取用户最现实、最自然的行为数据，这些数据有利于图书馆改进和完善工作。

Larson 和 Quam 在其关于数字导视的文章中指出，"无处不在的标牌和媒体充斥向图书馆设计、维护高效的导视服务提出挑战"[②]，事实上，大多数图书馆充满过时、拥挤和不匹配标识的空间加剧了用户的信息过载。

现如今，用户的忍耐力已降至新低，原来传统图书馆服务模式下，资源不全面、服务响应不及时、服务手段单一，但用户为了获取信息资源，能够耐心地利用与查找或是等待图书馆的反馈，因为那时的服务来源较为依赖图书馆。随着技术的层出不穷，各种软件助推知识问答、各种资源库朝向大而全的方向发展，导致图书馆失去了原有的核心服务力和中介性。

一、信息过载概念及其表现形式

信息过载（Information Overload，IO），亦为信息超载，指信息量超过了个人、组织所能处理、接受及有效利用的范围。信息过载的定义最早出现在 1970 年出版的 A.Toffler 所著《未来的冲击》（*Future*

---

① 司海峰，王丽华. 用户研究中心驱动的大学图书馆空间转型及评估实证研究 [J]. 高校图书馆工作，2020，40（5）：66-70.

② Larson K，Quam A. The Modernization of Signs：A Library Leads the Way to Networked Digital Signage [J]. Computers in Libraries，2010，30（3）：36-38.

Shock）一书中。①此前在3—4世纪的传道书中出现了信息超载的词汇，当时的读者认为制作图书没有尽头。后续有多位学者对这一概念做出演绎和解释，Koltay指出信息过载是由可用信息的数量和复杂性以及人们无法处理此类情况造成的客观和主观困难；Bawden提出过载不仅由太多信息引起，信息的多样性、复杂性和新颖性也是导致问题的因素。

信息过载表现为多种形式，主要包括：信息过载、信息过剩、数据烟雾、信息污染、信息疲劳、社交媒体疲劳、社交媒体过载、信息焦虑、信息压力、阅读过载、沟通超载、认知超载、信息暴力和信息攻击。②笔者根据CiteSpace在中国知网数据库中所检索论文情况，在1992—2022年这30年间，经搜索、查重后获得有效的核心期刊论文（关键词为"信息过载""信息过剩""信息生态""信息焦虑"和"海量信息"）共计688篇。可见信息过载下图书馆及馆员承担着巨大的信息过滤压力。

二、信息过载与图书馆、用户的内在联系与相互影响

Meier是第一个调查学术图书馆与信息过载的研究人员，其关注点主要包括用户亲自或通过邮件、电话向图书馆提交服务请求（如图书检索、参考咨询和外借服务等），调查发现这种超负荷工作给图书馆员

---

① 徐瑞朝，曾一昕. 国内信息过载研究述评与思考［J］. 图书馆学研究，2017（18）：21-25+60.

② D Bawden，L Robinson.Information Overload：An Introduction［M］. Oxford：Oxford University Press，2020.

带来了心理压力，并使他们感到未能提供用户所需的服务。[①]中国图书情报行业关于信息过载的研究主要有综述性回顾、图书馆针对信息过载的解决方案和成因、图书馆面对信息过载的对策等，早期研究集中于文献资源和信息素养方面。在研究中有学者发现文献信息过载不仅对人们的时间和精力造成损耗，影响人们的决策，对人们的生理和心理也会造成不适，因而提出了图书馆员要成为"信息导航员"这一想法。[②]笔者研究主要从决定图书馆服务质量的"人"的因素——图书馆员角度，提出转型策略与机制。

智库百科上这样归纳信息过载给用户带来的困惑：一是使得合适信息难觅；二是使得获取高质量有价值的信息成本越来越高；三是使用户浪费的时间越来越多。面对这样的困惑，只有图书馆员能够凭借信息有效查询、信息有效获取的能力，通过培训和教育提升用户信息素养帮助用户解决难题。信息过载不仅使用户产生了困惑，对为用户提供信息服务的图书馆员也产生了压力。图书馆员在面对海量信息时，对信息来源的甄别、对资源的控制与选择、对技术的合理使用、对服务的推广等都面临前所未有的挑战。

信息过载产生了巨大的影响，在图书馆方面主要有：一是产生了用户焦虑。在知识付费的冲击下，回答问题可以获利；做一场报告、一次演讲可以向用户收费；下载一篇参考文档需要购买积分，或者需

① 徐瑞朝，曾一昕. 国内信息过载研究述评与思考 [J]. 图书馆学研究，2017（18）：21-25+60.

② O Shacha, N Aharony, S Baruchson. The effects of information overload on reference librarians [J]. Library & Information Science Research, 2016（38），4：301-307.

要上传原创性文档；可靠的、不可靠的知识与信息，均变成商家眼中的商品，以满足那些无法潜心学术、无法深度阅读的快餐人在短期内完成学习、学术与知识获取任务。二是图书馆员信息服务能力不足。面对大量信息，一项对美国、加拿大近200所图书馆的调研发现，图书馆在数据分析方面普遍存在困难，有61%的图书馆缺乏分析时间；有54%的图书馆缺乏分析所需的专业知识；52%的图书馆缺乏能够胜任的工作人员。图书馆服务与用户需求之间的强烈不对等，加速了图书馆员转型的迫切性和紧要性。

图书馆员在信息过载情境下，不仅要实现自身转型，更要不断提升自身专业水平以帮助用户掌握处理复杂信息的本领，帮助用户应对海量信息并从虚假、恶意和低质量信息中识别出良好的信息。

第二节　图书馆员转型的驱动要素

多年来，图书馆在技术竞争的危机中碰撞前行。互联网、数据商、知识平台等对图书馆核心业务的抢占与瓜分；各项新技术对图书馆服务的冲击；多媒、富媒类型资源对图书馆传统馆藏的排挤；各种信息获取方法对图书馆学术性、专业性的质疑，这些因素都影响着图书馆员服务用户的动力和决心。

一、技术演进驱动

技术发展削弱了图书馆员的中心性。在元宇宙、区块链、大数据、人工智能、移动图书馆等技术出现之前，图书馆界曾有这种著名的观点：在实施服务过程中，图书馆建筑占比5%，信息资源占比20%，图书馆员占比75%[1]，但由于技术的推陈出新，用户对图书馆利用的必要性降低。图书馆任务的自动化可能会导致工作人员需求的减少，进而形成了一个图书情报专业竞争更为激烈的就业局面。在相当多图书馆管理者的观点中，技术已超越了图书馆文献资源，从图书馆的辅助工具转变成为推动图书馆发展的万能利器。虽然图书情报专业的毕业生就业实现了多元化、多样性，但其身上所带有的职业精神、话语体系和机构视角却没能实现岗位逆袭，现实岗位同化了图书情报专业的知识体系并剥去了精神内核[2]，这更加弱化了图书情报专业教育的独立性和必要性地位。

技术高速发展还引发了互联网、数据商、知识平台等与图书馆的竞争。众所周知，以搜索引擎为代表的互联网的信息丰富、界面友好、检索便捷、无时空限制，相比图书馆来说用户黏性更大。据统计，有68%的网站流量来自搜索引擎。数据商和各类知识平台为将纸质资源数字化，借鉴了图书馆学科中的分类、标引、编目等，更为灵活地迎合了大众思维，让原本只在图书馆收藏的纸质资源通过互联网来到用

---

① 郑幸子. 高校图书馆管理与服务创新 [M]. 长春：吉林大学出版社，2018.
② 于良芝. 未完成的现代性：谈信息时代的图书馆职业精神 [J]. 图书馆杂志，2005，24（4）：3-7+20.

户桌面，这极大地降低了图书馆员的中介服务性。

二、用户需求驱动

传统图书馆满足了用户的基本需求，其服务抓手主要是书刊文献，确切地说是依托于印本资源。在传统图书馆时期，图书馆员的工作内容包括：对文献资源进行采访（觅而难求的选书过程为"访"）、分类、编目、标引、典藏、检索等，图书馆员提供的服务项目包括：流通阅览、参考咨询、阅读推广、文献传递、馆际互借、情报分析、图书和其他资源的代检代查、期刊目次编制等，长期的工作内容和职业特征决定了图书馆员思维固化于图书馆内部，未能及时注意到外界的快速变化，这在一定程度上影响了图书馆抓住转型的机遇期，使图书馆服务变得有些被动。

在传统图书馆时代，图书馆的主要作用是中介，主体是事务性和技能性的。[①]在信息量喷涌的时代，用户需求超越了图书馆的服务能力，图书馆显然已无法满足用户的需求和期望，用户不会容忍复杂的服务过程和服务效率。用户对传统服务的兴趣下降甚至失去兴趣，移动设备使他们根本不愿意花时间前往图书馆。测试显示，如果加载时间需要10秒，而不是1秒，访问者从网站跳出的可能性要多123%。用户在面对多媒、富媒资源时，注意力不再专注于图书馆的纸质媒体上，而信息素养的缺乏又导致用户在信息筛选、信息过滤方面无能为力，

---

① 初景利，赵艳. 图书馆从资源能力到服务能力的转型变革［J］. 图书情报工作，2019，63（1）：11-17.

于是，用户需求与用户素养之间的鸿沟使其对图书馆的常规服务失去了耐心。在信息过载情境下，用户在多方面受到了影响，在工作科研方面，用户生产力、创造力降低；在社会交流方面，用户专注力降低；在学习方面，用户学习力、思考力降低；在面对新闻媒体时，传播信任力降低；在个人控制方面，自律性降低。

三、馆员发展驱动

在2022年9月教育部公布的新版学科专业目录中，原"图书情报与档案管理"一级学科更名为"信息资源管理"[①]，这一更名在图书馆界引起不小反响。从兰切斯特关于图书馆消亡论的冲击，到20世纪70年代图书馆学陆续更名为图书情报、信息管理、资讯管理等，图书馆学学科的稳定性、继承性、专业性受到很大影响。引文成果统计发现，图书情报学科的被引自引率达92.53%、施引被引率达84.64%，这两项指标在人文学科中都最高。可以推测，图书情报学科的知识圈较为有限，传播、交流、共享及对其他学科的影响力都很有限。[②]面对海量信息，图书馆员必须主动转型以维持其知识发现者、知识组织者、知识提供者和知识交流者的地位。

四、服务竞争驱动

图书馆面临来自多方面的服务竞争者的强大冲击。各种新技术、

---

① http://www.gov.cn/zhengce/zhengceku/2022-09/14/content_5709785.htm.

② 吴建中. 再议图书馆发展的十个热门话题 [J]. 中国图书馆学报，2017，43（4）：4-17.

新名词层出不穷，它们产生的良好服务效果抢占着图书馆的原有位置。比如：元宇宙（Metaverse）在2021年横空出世，迅速遍及全世界各个研究领域，图书馆行业专家也迅速响应，国内著名业内专家刘炜、杨新涯等发表多篇向广大图书馆从业者介绍元宇宙的相关论文，从元宇宙的概念、形态、基本要素、应用场景等方面提出了与图书馆共融发展的指导性建议。这种虚拟与现实深度融合的情境，用户参与意见、用户体验服务过程并与图书馆产生线上线下互动的服务模式，无疑是最值得期待的。有专家认为，无论是在元宇宙视域下，还是在智慧图书馆实现的过程中，图书馆均需要主动与其他机构合作，在竞争中获得更多、更稳定的用户，确切地说是竞争用户的时间分配[①]，谁赢得用户更多的信任、争取到了用户的更多注意力，谁的黏性更大，谁就能得到更多的用户及用户利用的时间。这种理论极为适用于信息过载的情况，在多种竞争中，图书馆的优势不是设备、设施、技术，而是体现在帮助引导用户在个人价值观和目标的实现方面做出贡献，体现在图书馆员专业能力、信息挖掘和整合能力、知识输出能力等。

图书馆导航逐渐向嵌入技术方向发展。我国首都师范大学图书馆是国内首个提供3D虚拟图书馆服务的图书馆，实现了图书馆在线漫游、了解馆藏布局、阅读电子期刊和定位、查询书刊等功能。[②]

---

① 张麒麟. 图书馆形象的历史嬗变及其在元宇宙中的构建 [J]. 国家图书馆学刊，2022，31（4）：50-57.
② 严栋. 智慧图书馆概论 [M]. 大连：辽宁师范大学出版社，2021.

第三节　图书馆员在信息过载情境下的转型机制

众所周知，图书馆的检索能力、提供信息的可靠性、对外界信息的洞察力及为用户服务永不疲惫的敬业精神，都是互联网及搜索引擎所无法匹敌的。GOOGLE可以给出10万条检索结果供用户筛选，但它永远不能给用户一个最可靠的答案，而这一点只有图书馆员可以做到。为此，笔者重点从信息过载情境入手，思考图书馆员转型的路径与策略。

一、保持在知识领域的地位与作用

图书馆的服务既是图书馆员的知识和图书馆员价值转化的过程，也是图书馆员关注用户体验和收集用户反馈的结果。图书馆员拥有获取信息资源的先天优势，拥有工作实践养成的职业搜索能力，其提供的信息具有专业性强、针对性准、信息质量可靠等特征。图书馆员必须想尽办法掌握新技术，掌握专业信息检索技能，通过继续教育和主动学习为自身的咨询能力、检索能力、情报能力增值赋能，这样才能够在用户利用和海量信息之间搭建智慧的桥梁。

在图书馆数字化转型过程中，图书馆员担任了"专家、合作者、用户与服务资源联系人"的角色。后知识服务以智慧服务为核心，使

"数据—智慧"这一链条成为可能①，因此，图书馆必须在信息技术、设备设施作为辅助的前提下发挥图书馆员的能动性、专业性和主动服务性。在浩如烟海的资源面前，高质量的资源挖掘是图书馆员优于其他检索平台的智慧砝码。

二、重视用户体验并提升用户素养

图书馆员要坚持以用户为中心的服务理念。GOOGLE公司在发展中提出过这样的策略：尊重每位用户的感受，以用户为中心，其他一切水到渠成。广东省东莞市图书馆员用细心和暖心，阅读并反馈了务工人员吴桂春的留言，表面上看是留住了一个人，实际上是温暖了千千万万在异乡务工人员的心，更产生了东莞市图书馆品牌效应的进一步良性营销。图书馆员需要做精做细服务，充分尊重用户感受。早在1852年，波士顿图书馆委员会就提出藏书原则：读者经常要求阅读的图书，保证复本数量；少数人需要的图书，只备1册且能够满足流通，如果这本书很难在书架上停留，则需增加采购。②这正是后来兴起的读者需求驱动采购（DDA）、读者决策采购（PDA）的理论依据，也是尊重用户的良好传承。

由于需求的多样性，用户向图书馆咨询的问题既有对图书馆的利用，还有健康、住房、就业和其他基本服务等。因此，在服务过程中，

---

① 柯平，邹金汇. 后知识服务时代的图书馆转型［J］. 中国图书馆学报，2019，45（1）：4-17.

② （美）尼古拉斯·A·巴斯贝恩. 永恒的图书馆［M］. 杨传纬，译. 上海：上海人民出版社，2011.

图书馆员需要发挥信息连接器的作用，利用网页、移动应用程序和数据库等资源来扩大其作为社区社会服务的中介作用。重视用户体验，提升用户素养，吸引用户参与，通过图书馆员与用户的共同智慧来发展图书馆事业。

三、加强传统业务的营销创新

图书馆服务具有公共（public）、大众（popular）和免费（free）的性质，这也使图书馆员成为基于信息提供、知识转化的职业者，他们在降低知识获取门槛、维护信息公平、倡导知识自由方面做出诸多创新。图书馆员的专业素养基于科技、信息、知识储备等，集技术、经验、设计、情感于一体。[①]图书馆员的转型不是忘本的再发展，而是将自身专业知识再创新、再演进而形成新的服务提供给用户。

以书评为例，自阅读推广兴起后，国内外多所图书馆开展了书评活动，但持续性的、影响深刻的推广仍有待强化，系统性、规范性、高质量的书评工作已被书目数据外包商的简易数据所淹没，导致读者被迫求助于搜索引擎而陷入信息过载的焦虑圈。然而，对读者来说，快速而深度地了解一本书不可或缺的就是书评。萧乾[②]说过，作品价值在于被人阅读，这中间需要促使作品与读者接近的桥梁。这种理论与印度图书馆学家阮冈纳赞五定律之一的"每位读者有其书"完全符合。图书馆通过发布书评，能够帮助读者进行阅读，更能为相关学者、研

---

① 徐建林. 图书馆员数字化生存：内涵与价值［J］. 图书馆工作与研究，2017（06）：58-62+80.

② 萧乾. 书评研究［M］. 太原：山西人民出版社，2014.

究人员、读书之人购买图书提供参考。我国台湾省推出了一套MBRS（multi-source book review system）多源书评系统，图书馆员依托博客、线上书店等书评信息，建立基于本馆馆藏的书评系统，方便读者阅读书评、参与和互动，使图书馆OPAC系统更加多元并发挥文化传播的影响力。

以图书馆网站为例，从用户视角增加新技术和视频窗口，增加界面友好性、审美性，以吸引用户注意力。美国东田纳西州立大学2016年做过一项测试，结果表明，当在图片和文字之间建立系统的联系时，用户的认知负荷会减少；当用户面对动态和静态的可视化信息时，会觉得动态信息更加容易认知，而且学习过程变得更有意义。国外有多所图书馆采用眼动技术采集用户信息行为，以便制作出更符合用户需求的门户网站。还有测试显示，在多种媒体中，视频是更易被学习者接受的媒体，利于用户联想，是吸引用户的有效手段。[1]因此，图书馆员将书目标签云、AR和VR宣传与利用指南置于主页显要之处；通过对OPAC进行完善与丰富，嵌入音频、视频资源链接以丰富用户体验。

四、母体机构对馆员能力的培养与提升

OCLC开发了名为"Web Junction"的课程，免费向全球6万多名图书馆员和图书馆从业者提供400余门课程服务，这是图书馆机构对图书馆员的最大福利。任何"智慧图书馆"都需要"智慧的图书馆员"。

---

① Gloria Yi-Ming Kao, Chi-Chieh Peng. A multi-source book review system for reducing information overload and accommodating individual styles [J]. Library Hi Tech, 2015（33）：310–328.

图书馆员不仅要能胜任对现有体系和服务的执行和管理，还应具备敏锐的洞察力和甘为人梯、敢为人先的精神。①图书馆员的角色转型仰赖于图书馆的顶层设计，以便帮助他们在业务、技术、心理、思维上做多重准备。

图书馆作为馆员的母体机构，要树立共同发展的愿景。美国IBM公司自2001年始开展即兴讨论，通过发送邮件、贡献百科等吸纳创新，支持组织的完善与发展；GOOGLE公司鼓励员工用20%的时间去做个人能力提升的事情，这种相对自由的且相辅相成的策略同样适用于图书馆，这就是图书馆员和所在母体共同成长、协同发展的出路。

为了高效使用现有技术和工具，图书馆需要对图书馆工作人员进行持续的培训，终身学习是图书馆员最有效的教育方式。在出现重大突发性事件的时候，图书馆会出现两极分化：一是规模较大、资源较好的图书馆，其工作人员得到了使用新工具、新技术所必需的支持，使得资源丰富、资金较足的图书馆能够迅速转向远程服务，康奈尔大学图书馆就在短短一周时间内实现了400万册纸本图书的数字化公开；二是资源储备不足、图书馆员响应延迟及技术设备较弱的图书馆则被迫闭馆，进入停止服务期。刘炜②提出对图书馆员核心能力的培养应体现在以下几方面：搜索和学习能力；批判思维、计算与设计思维能力；预测变化与情景规划能力；知识赋能能力。图书馆员需要的培训不仅

---

① 伊安·约翰逊，陈旭炎. 智慧城市、智慧图书馆与智慧图书馆员 [J]. 图书馆杂志，2013，32（1）：4-7.

② 刘炜. "后疫情时代"图书馆加速转型的人才需求 [J]. 图书馆建设，2020（6）：8-14.

是专业知识，还需具有应对危机时的一套方法论，黑天鹅事件、灰犀牛效应应该成为图书馆员专业教育的一部分，数字素养首先是图书馆员的，之后才是面向用户的。同时，图书馆在招聘人才的过程中，应重视图书情报人才的引进，而不是将其与新兴职业混为一谈，具备图书情报专业学历背景的人才通过"教育—实践—研究—再教育—再实践—再研究"这样迭代的过程，才能够建设起传承职业精神、秉承职业道德、服务社会公众的可持续图书馆员梯队。

五、塑造多元复合的新型馆员身份

2015—2020年，美国数据图书馆员招聘统计显示：参考咨询和用户服务、学术研究、技术知识和技能、继续教育和终身学习4项要求在招聘要求中占比均超过60%。[①]除了传统岗位，图书馆员也衍生出可持续发展馆员、用户体验馆员、公平与多样性馆员、开放教育资源馆员、数据可视化馆员等角色。这些新型角色的出现，体现了图书馆员在供给侧呈现的良好势头。

无论信息是好是坏，当出现过载过量时，就出现了信息噪音。因此，图书馆员有责任用个人的专业知识和服务意识帮助用户降低这些噪音的影响。ACRL研究显示，学生成功与图书馆利用存在正相关，且发现5个方面与图书馆员密切联系，一是初始课程中得益于图书馆员的指导；二是用户对图书馆的基本利用；三是图书馆员与学生合作开展

---

① 李国刚，牛赞宇，刘燕权. 美国学术图书馆数字人文图书馆员职业核心竞争力探究 [J]. 图书与情报，2020（5）：96-103.

项目；四是图书馆员信息素养教育；五是图书馆员提供的研究咨询。图书馆员作为用户的培训者、知识利用的讲授者，其作用至关重要。美国乔治亚大学图书馆在2025战略规划中重申了图书馆员的教学作用，强调他们需传授给学生技能，以助力学生在学业上取得成功并获得工作所需的研究技能。因此，在信息过载环境下，图书馆员是助力用户走出重重信息压力的信息引导员。

六、图书馆员设计思维的营销策略

在新技术时代，图书馆需借鉴企业思维，投资于形象建构和投资于空间新建、空间改造及引进设备同等重要。这种形象包括提供的技术设施带给用户的便利感，也有虚拟与现实相结合的导视、展览等服务，更重要的是图书馆员在服务过程中向用户传递的文化力量和知识力量。扎根理论（Grounded Theory）认为任何理论都以经验事实为依据，一定的理论总是可以追溯到其产生的原始资料。图书馆员利用日常产生的入馆数据、借还数据、选座偏好、阅读行为、咨询习惯等这些内部数据，在合理保护用户隐私的前提下开展研究分析，将分析成果反哺于图书馆工作。同时，利用设计思维在资源采购类型、用户利用效果之间做出评价，以设计和迭代思维发挥资金效益，发挥决策能力，提升图书馆的专业影响力、话语权、影响力和对外形象。

在资源无限、技术层出的时代，图书馆应思考借力而行，为用户搭建服务平台。Uber是美国硅谷的一家科技公司，没有一辆实体汽车，却依靠打车业务实现了资产位列2022年《财富》美国五百强排行榜第210名；淘宝网站在最初的购物服务中，并没有库存和商品，而是依靠千千万万的卖家实现了网上交易；GOOGLE公司没有实体图书，却实现了全球数千家图书馆几千万册纸质图书的数字化加工与免费共享。图书馆员不需要成为程序员、统计学家或数据库管理员，但应该对计算机、数据库和信息检索工具的利用做基本掌握，以开展一系列满足用户需求的增值赋能服务。

国际图联趋势报告2021年新进展的第二项趋势提出：图书馆不仅要成为知识管理的中心，成为知识交流的中心，还要成为知识创造的中心，要实现这一目标，发现、组织和传播知识内容与开展知识服务就是图书馆员在转型过程中必须要实现的。互联网并没有创造知识，也未拥有知识，而是构建了一个知识协同、知识共享的网络，因此，在信息时代，图书馆员要走出图书馆实体建筑，走近用户的桌面。在信息过载的情境下，图书馆员需要尽快找到自身内核，更多地将理论与实践相结合，将知识呈现给用户，实现契合用户需求的服务转型。

参考文献

著作类：

[1] 老子. 道德经 [M]. 徐澍，刘浩，注译. 合肥：安徽人民出版社，1990.

[2] 陈丹. 现代图书馆空间设计理论与实践 [M]. 上海：上海社会科学院出版社，2020.

[3] 杨永华. 智慧时代高校图书馆服务创新与发展研究 [M]. 北京：中国原子能出版社，2020.

[4] 曹慧芳. 未来图书馆 [M]. 沈阳：辽宁大学出版社，2020.

[5] 中国图书馆学会，国家图书馆. 中国图书馆年鉴：2014 [M]. 北京：国家图书馆出版社，2015.

[6] 中国图书馆学会，国家图书馆. 中国图书馆年鉴：2017 [M]. 北京：国家图书馆出版社，2018.

[7] 左明刚. 室内环境艺术创意设计 [M]. 长春：吉林大学出版社，2017.

[8] 陈陶平，赵宇，蔡英. 现代高校图书馆管理与服务探究

［M］. 北京：九州出版社，2018.

　　［9］［美］安东尼·J·奥韦格布兹，焦郡，莎伦·L·博斯蒂克. 图书馆焦虑理论、研究和应用［M］. 王细荣，主译. 北京：海洋出版社，2015.

　　［10］欧阳丽莎，夏琳. 导视系统设计［M］. 武汉：华中师范大学出版社，2015.

　　［11］朱建彬. 现代图书馆管理艺术研究［M］. 长春：吉林美术出版社，2018.

　　［12］吴建中. 转型与超越　无所不在的图书馆［M］. 上海：上海大学出版社，2012.

　　［13］王风，臧铁柱，赵景侠. 图书馆工作实用手册［M］. 沈阳：白山出版社，1989.

　　［14］王晨升. 用户体验与系统创新设计［M］. 北京：清华大学出版社，2018.

　　［15］IDEO公司. 图书馆中的设计思维［M］. 广州：广州出版社，2016.

　　［16］王世伟. 面向未来的公共图书馆问学问道［M］. 上海：上海社会科学院出版社，2020.

　　［17］刘经宇，刘桑耘，刘耕. 实用图书分类［M］. 哈尔滨：哈尔滨工业大学出版社，2001.

　　［18］段宇锋，金晓明. 中国公共图书馆创新案例［M］. 上海：上海交通大学出版社，2020.

　　［19］徐红蕾，屈媛. 环境导视设计［M］. 武汉：华中科技大学出

版社，2018.

［20］深圳视界文化传播有限公司．请跟我来：导视系统设计［M］.武汉：华中科技大学出版社，2012.

［21］［俄］歌利亚齐娃．文化导视2［M］.常文心，译．沈阳：辽宁科学技术出版社，2015.

［22］谢燕淞．中国当代设计全集：第1卷：平面类编：标志篇［M］.北京：商务印书馆，2015.

［23］深圳市建筑工务署．香港中文大学（深圳）筑记［M］.宁波：宁波出版社，2020.

［24］崔宇红．一流大学图书馆建设与评价研究［M］.北京：中国科学技术出版社，2011.

［25］陆丹晨．高校图书馆管理的创新性研究［M］.石家庄：河北人民出版社，2018.

［26］肖竹青．高校图书馆文献采编与读者服务研究［M］.北京：企业管理出版社，2019.

［27］朱小梅，王丽丽．通识教育与阅读推广［M］.北京：朝华出版社，2019.

［28］邵磊．无障碍与校园环境［M］.沈阳：辽宁人民出版社，2019.

［29］李西宁，张岩．图书馆经典阅读推广［M］.北京：朝华出版社，2015.

［30］郑幸子．高校图书馆管理与服务创新［M］.长春：吉林大学出版社，2018.

［31］［美］尼古拉斯·A·巴斯贝恩. 永恒的图书馆［M］. 杨传纬，译. 上海：上海人民出版社，2011.

［32］严栋. 智慧图书馆概论［M］. 大连：辽宁师范大学出版社，2021.

［33］姜汉卿. 知识改变命运［M］. 北京：研究出版社，2018.

［34］萧乾. 书评研究［M］. 太原：山西人民出版社，2014.

学位论文类：

［1］Ching-Lan Chang. Spatial design and reassurance for unfamiliar users when wayfinding in buildings［D］. Sheffield：University of Sheffield，2010.

［2］Harden M. Signage and Librarian Perceptions：Assessing the Reference Service Point［D］. North Carolina：the University of North Carolina，2013.

［3］Simmons E M. Accessing Library Space：Spatial Rhetorics from the U.S. to France and Back Again［D］. Michigan：Michigan Technological University，2018.

［4］李珍. 二年级在线阅读用户需求分析：基于K-mediods聚类的DIF检验［D］. 天津：天津师范大学，2020.

［5］陈哲. 增强现实技术在图书馆导视系统设计中的视觉应用研究［D］. 武汉：武汉工程大学，2018.

［6］郝琳琳. 人工智能技术在公共图书馆导视系统中的应用：以南昌大学图书馆为例［D］. 南昌：南昌大学，2020.

［7］聂慧英. 中外图书馆人性化服务的比较研究［D］. 黑龙江：黑龙江大学. 2017.

中文期刊类：

［1］王子舟. 公共知识空间与图书馆［J］. 中国图书馆学报，2006，32（4）.

［2］李菲菲. 图书馆导视系统设计研究［J］. 图书馆界，2016（2）.

［3］张可欣，王小元. 图书馆导视系统设计研究［J］. 普洱学院学报，2016，32（6）.

［4］刘杨子. 公共图书馆导向标识的设计浅析［J］. 青年时代，2019（3）.

［5］曹泰峰. 情境认知视角下图书馆导向系统研究［J］. 图书馆工作与研究，2020（10）.

［6］吴年. 初论图书馆识别系统［J］. 图书馆，1994（4）.

［7］高健婕，罗兵，燕凌. 论图书馆公共标识与导视设计［J］. 科学之友（B版），2008（5）.

［8］李伟东. 图书馆标识系统探讨［J］. 农业图书情报学刊，2010，22（8）.

［9］刘绍荣. 开放空间格局下图书馆导视系统的设计与思考［J］. 现代情报，2016，36（10）.

［10］钟伟. 公共图书馆导向标识系统设计指标与规范研究［J］. 图书馆研究与工作，2021（8）.

［11］赵月平，李丹．图书馆网络空间的标识导引现状研究：以10家公共图书馆网站为例［J］．图书情报导刊，2019，4（5）．

［12］赵月平．图书馆网站的标识导引设计研究［J］．农业图书情报学刊，2016，28（9）．

［13］郑良光．图书馆里的温馨提示：标识系统［J］．图书馆论坛，2006（3）．

［14］赵爱平．图书馆标识系统与图书馆文化建设［J］．图书情报工作，2012（S2）．

［15］王丽雅，王丽娜，钱晓辉．图书馆规范性标识系统的育人功能研究［J］．图书馆建设，2017（8）．

［16］林小华．数字标牌在现代图书馆中的应用研究［J］．图书馆工作与研究，2011（8）．

［17］彭吉练．利用二维码实现图书馆导向标识系统［J］．现代图书情报技术，2013（4）．

［18］刘玮．盲人图书馆导向标识系统的构建［J］．河南图书馆学刊，2013，33（2）．

［19］肖秉杰．图书馆导向标识系统的设计与实施：以广州图书馆为例［J］．农业图书情报学刊，2018，30（2）．

［20］阚丽秋．图书馆内部地面视觉标识功能与设计研究［J］．图书馆建设，2020（6）．

［21］张宁，李雪．用户体验服务模式在图书馆中的应用实践：以国家图书馆数字图书馆体验区为例［J］．图书情报知识，2017（2）．

［22］程焕文．图书馆的价值与使命［J］．图书馆杂志，2013，

32（3）.

［23］臧航达，寇垠．文化场景理论视域下公共图书馆空间建设研究［J］．图书馆学研究，2021（2）.

［24］张彦静，曲晓玮．公共图书馆推动城市文化建设的实践与思考：以佛山市图书馆为例［J］．图书馆论坛，2012，32（4）.

［25］查海平，袁曦临．基于价值共创的图书馆空间再造用户参与设计研究：基于马里兰大学McKeldin图书馆用户参与式设计案例［J］．新世纪图书馆，2020（12）.

［26］韩放，徐静，张路．融合校园文化的高校图书馆导向标识设计探析：以大连理工大学图书馆书架标识为例［J］．艺术与设计（理论），2022，2（5）.

［27］裴超．图书馆VR全景导视系统设计应用研究：以武汉理工大学图书馆为例［J］．艺术市场，2022（5）.

［28］刘绍荣．开放空间格局下图书馆导视系统的设计与思考［J］．现代情报，2016，36（10）.

［29］赵双．日本高校图书馆空间的嬗变及启示［J］．图书馆，2019（9）.

［30］王雪婍，丁山．导视系统设计在当代的应用［J］．美术教育研究，2018（22）.

［31］史艳芬，姚媛．近10年国内图书馆空间建设研究趋势的知识图谱分析［J］．图书馆研究，2022，52（4）.

［32］王高娃．我国图书馆空间研究进展可视化分析［J］．图书馆工作与研究，2022（2）.

［33］周宇麟，陈锋平，沈昕．变革下的公共图书馆空间建设研究：基于公共图书馆模型示范项目的启示［J］．图书馆杂志，2022，41（3）．

［34］秦长江，杜正辉．国内图书馆空间研究的可视化分析：基于图情领域 CSSCI 来源期刊（2010-2020）［J］．图书情报研究，2022，15（2）．

［35］文琴．国内外城市公共阅读空间研究综述［J］．图书馆建设，2022（2）．

［36］李育菁，尤佳丽．北欧图书馆的感知设计对我国高校图书馆空间打造的启示［J］．图书馆理论与实践，2022（5）．

［37］陈敏贤，王焕景．场所精神理论视角下高校图书馆空间再造中的场所认同构建研究［J］．晋图学刊，2022（9）．

［38］姚雪梅．空间再造视角下公共图书馆主题图书馆建设研究［J］．图书馆学刊，2022，44（9）．

［39］董智慧．新文科背景下街区图书馆的空间设计［J］．建筑经济，2022，43（7）．

［40］陶继华．党校图书馆空间再造设计与服务研究：以安徽省委党校"悦读空间"为例［J］．曲靖师范学院学报，2021，40（6）．

［41］钟伟．美国公共图书馆空间布局设计研究［J］．图书馆工作与研究，2022（9）．

［42］汤艳霞，束漫．图书馆建筑空间与自然人文环境融合促进阅读研究：以国际图联和美国图书馆设计最佳实践为例［J］．图书情报工作，2021，65（14）．

[43] 谈大军，王梦迪，潘沛．IFLA/Systematic 年度公共图书馆奖获奖项目分析及启示 [J]．图书馆工作与研究，2020（11）．

[44] 李忠东．康奈尔大学何梅美术图书馆 [J]．建筑，2020（12）．

[45] 薛慧彬，秦聿昌．分报告四：斯坦福大学图书馆考察报告 [J]．数字图书馆论坛，2011（80）．

[46] 吴志静．基于 XR 技术的高校图书馆数字化展览服务研究：以天津职业技术师范大学图书馆数字化展览为例 [J]．图书馆工作与研究，2022（11）．

[47] 井攀．美国高校图书馆学习空间规划评估研究及启示 [J]．图书馆工作与研究，2022（7）．

[48] 夏圆，顾建新．美国田纳西大学图书馆共享空间的建设、评估及其启示 [J]．图书馆杂志，2019（11）．

[49] 赵静，王贵海．美澳高校图书馆空间价值评估及启示 [J]．图书馆工作与研究，2018（4）．

[50] 盛艾．澳大利亚迪肯大学图书馆空间评估工具探究 [J]．图书馆论坛，2014，34（11）．

[51] 于宁，陈虹．高校图书馆的远程书库建设 [J]．图书馆杂志，2009，28（9）．

[52] 傅敏．数字环境下国内外高校图书馆空间布局比较研究 [J]．高校图书馆工作，2017，37（3）．

[53] 兰小嫒．美国康奈尔大学图书馆特藏发展与实践研究 [J]．图书馆建设，2016（10）．

［54］曾建平．美国康奈尔大学图书馆参考咨询服务［J］．图书馆杂志，2010（8）．

［55］张丽娟，陈越，李丽萍．高校图书馆的智能化管理与服务：北卡罗来纳州立大学图书馆带来的启示［J］．大学图书馆学报，2015，33（2）．

［56］徐晓，陈琳，叶春波．高校图书馆"书店式"阅读推广创新服务模式探析：以上海大学图书馆读者荐购书店为例［J］．图书馆杂志，2022（11）．

［57］姚桃．"双减"背景下公共图书馆未成年人服务的创新发展［J］．图书馆，2022（9）．

［58］律婳．浙江省公共图书馆首届阅读马拉松挑战赛案例设计［J］．图书馆研究与工作，2017（8）．

［59］包国红．俄罗斯国立盲人图书馆的服务创新［J］．山东图书馆学刊，2021（6）．

［60］吴高．人工智能时代公共数字文化服务个人隐私保护的困境与对策［J］．图书馆学研究，2021（10）．

［61］俞德凤．美国康奈尔大学图书馆隐私保护服务及启示［J］．农业图书情报学报，2021，33（11）．

［62］陈珊，韩芳．美国北卡罗莱纳州立大学创客教育及启示［J］．比较教育研究，2017，39（1）．

［63］范兴坤．当前我国公共图书馆事业政策建设思路研究［J］．国家图书馆学刊，2017，26（1）．

［64］王娇．5G时代智慧图书馆服务创新研究［J］．图书馆学刊，

2022，44（1）.

［65］牛国强．短视频 APP 在图书馆阅读推广中的应用前景探析［J］.图书馆工作与研究，2021（4）.

［66］李菁楠，刘斐，姚兰．基于短视频 App 的图书馆服务研究：以抖音为例［J］.图书馆研究，2020，50（6）.

［67］钟阳．文旅融合背景下高校图书馆创新服务研究［J］.文化产业，2022（24）.

［68］金龙．文旅融合背景下公共图书馆研学旅游服务创新策略［J］.图书馆工作与研究，2019（5）.

［69］李向红．澳大利亚迪肯大学图书馆印象［J］.图书馆界，2009（2）.

［70］戴莹．泛在信息社会下图书馆智慧化服务体系研究［J］.图书馆学刊，2018，40（9）.

［71］司海峰，王丽华．用户研究中心驱动的大学图书馆空间转型及评估实证研究［J］.高校图书馆工作，2020，40（5）.

［72］徐瑞朝，曾一昕．国内信息过载研究述评与思考［J］.图书馆学研究，2017（18）.

［73］于良芝．未完成的现代性：谈信息时代的图书馆职业精神［J］.图书馆杂志，2005，24（4）.

［74］初景利，赵艳．图书馆从资源能力到服务能力的转型变革［J］.图书情报工作，2019，63（1）.

［75］吴建中．再议图书馆发展的十个热门话题［J］.中国图书馆学报，2017，43（4）.

［76］张麒麟. 图书馆形象的历史嬗变及其在元宇宙中的构建［J］. 国家图书馆学刊，2022，31（4）.

［77］柯平，邹金汇. 后知识服务时代的图书馆转型［J］. 中国图书馆学报，2019，45（1）.

［78］徐建林. 图书馆员数字化生存：内涵与价值［J］. 图书馆工作与研究，2017（06）.

［79］伊安·约翰逊，陈旭炎. 智慧城市、智慧图书馆与智慧图书馆员［J］. 图书馆杂志，2013，32（1）.

［80］刘炜. "后疫情时代"图书馆加速转型的人才需求［J］. 图书馆建设，2020（6）.

［81］李国刚，牛赞宇，刘燕权. 美国学术图书馆数字人文图书馆员职业核心竞争力探究［J］. 图书与情报，2020（5）.

［82］王丽娜，王丽雅，钱晓辉. 北美地区大学图书馆网络服务标识功能研究［J］. 图书馆建设，2016（2）.

［83］李姝睿，王丽娜，苏欢. 图书馆标识与导视系统的规范化建设研究［J］. 河南图书馆学刊，2020，40（11）.

［84］王丽娜，钱晓辉. 图书馆建筑设计理念与实用功能分析［J］. 图书馆建设，2013（2）.

［85］王丽娜，钱晓辉. 突破　重塑　延伸：西雅图中央图书馆功能深度探究［J］. 山东图书馆学刊，2014（4）.

外文期刊类：

［1］Herman H. Fussler. Sign Systems for Libraries：Solving the

Wayfinding Problem [J]. The Library Quarterly, 1980, 50 (2).

[2] Kerr S T. Wayfinding in an electronic database: The relative importance of navigational cues vs. mental models [J]. Information Processing & Management, 1990, 26 (4).

[3] Eaton G. Wayfinding in the library: Book searches and route uncertainty [J]. Computer Science, 1991, 30 (4).

[4] Hahn J, Zitron L. How first-year students navigate the stacks: Implications for improving wayfinding [J]. Reference and User Services Quarterly, 2011, 51 (1).

[5] Boyd D R. Creating signs for multicultural patrons [J]. The Acquisitions Librarian, 1993, 5 (9–10).

[6] McMorran C, Reynolds V. Sign-a-Palooza [J]. Computers in Libraries, 2010, 30 (8).

[7] Barclay A, Bustos T, Smith T. Signs of success: Digital signage in the library [J]. College & Research Libraries News, 2010, 71 (6).

[8] Yeaman, Andrew R J. Vital Signs: Cures for Confusion [J]. School Library Journal, 1989, 35 (15).

[9] Johnson, Carolyn. Signs of the Times: Signage in the Library [J]. Wilson Library Bulletin, 1993, 68 (3).

[10] Bosman E, Rusinek C. Creating the User-Friendly Library by Evaluating Patron Perception of Signage [J]. Reference Services Review, 1997, 25 (1).

［11］ Eichelberger M, Hagelberger C, Smith S, et al. Signage UX: Updating library signs for a new generation ［J］. College & Research Libraries News, 2017, 78 (10).

［12］ Gardner H. A User-Centric Approach to Wayfinding Signage ［J］. Public Services Quarterly, 2018, 14 (4).

［13］ Jalees D. Design thinking in the library space: Problem-solving signage like a graphic designer ［J］. Art Libraries Journal, 2020, 45 (3).

［14］ Mandel H. Wayfinding Research in Library and Information Studies: State of the Field ［J］. Evidence Based Library and Information Practice, 2017, 12 (2).

［15］ POLGER M A, STEMPLER A F. Out with the Old, In with the New: Best Practices for Replacing Library Signage ［J］. Public Services Quarterly, 2014, 10 (2).

［16］ MANDEL L H, JOHNSTON M P. Evaluating library signage: A systematic method for conducting a library signage inventory ［J］. Journal of Librarianship & Information Science, 2017, 51 (1).

［17］ MANDEL L H, LEMEUR K A. User wayfinding strategies in public library facilities ［J］. Library & Information Science Research, 2018, 40 (1).

［18］ Kuliga S F. Exploring Individual Differences and Building Complexity in Wayfinding: The Case of the Seattle Central Library ［J］. Environment & Behavior, 2019 (5).

［19］O Shacha, N Aharony, S Baruchson. The effects of information overload on reference librarians ［J］ Library & Information Science Research，2016（38），4.

［20］Gloria Yi-Ming Kao, Chi-Chieh Peng. A multi-source book review system for reducing information overload and accommodating individual styles ［J］. Library Hi Tech，2015（33）.

后 记

2000年7月，我毕业于东北师范大学图书馆学专业，二十多年来，我把对图书馆的感情自然地投入工作中，对图书情报专业的研究也从未间断。图书馆作为人类文明汇聚之地，作为精神文化之所，其中蕴含的知识、散发的书香，优雅的环境、温馨的氛围，沁人心脾，引人入胜，让我在快乐中学会沉淀，在困境中找到心灵的慰藉。

我庆幸自己选择了图书馆学这门专业，因为这让我在不断地学习和研究中，尤其对图书馆空间、导视与标识方向倍感兴趣。在旅行过程中，我参观过国内的中国国家图书馆、上海图书馆、四川省图书馆及其他各类型图书馆，并在自由行时参观过国外多所图书馆，包括德国的洪堡大学图书馆、斯图加特市立图书馆、柏林自由语言大学图书馆以及捷克国家图书馆（博物馆）等。同时，我乐于访问国内外大学图书馆、公共图书馆网站，欣赏世界各地用户拍摄的图书馆空间及导视、标识照片，在浏览过程中，我越发意识到图书馆空间、图书馆导视对于用户的重要意义。在人们不断追求文化品质与精神生活的时代，基于审美的、设计的、文化的空间和导视，既是图书馆营销服务的手段，又是用户利用图书馆的媒介，于是，我找到这样的切入点来诠释图书馆的服务，以期充分表达对未来图书馆的寄托。

在拙著形成过程中，我的家人、我的朋友都给予我精神支持，行业专家、图书馆同行给予我智慧成果支持，我的学生帮助我查阅资料、查询网站，每个人的大力付出促成此书的问世，万语千言，均汇于短短的后记之中。

沈阳建筑大学图书馆馆长王丽雅对我以框架指导；沈阳建筑大学图书馆祁宁、苏欢与我探讨方向；沈阳建筑大学资产管理处刘岩帮助我查找纸质文献；沈阳化工大学图书馆杨梦真辅助我查找图书馆网站，归纳图书馆空间信息；沈阳建筑大学建筑与规划学院肖奕萱协助我查找图书馆导视与标识信息；沈阳建筑大学图书情报专业研究生尹茂林、李媛、郭芮雯帮助我收集资料、排版校对等，他们对我的热心、耐心、爱心和暖心，给我的研究、写作带来了巨大的动力和信心，这也是我潜心于图书馆学专业的力量所在。

图书馆在新技术中不断发展与转型，不变的是用户至上的服务理念，充满人文理念、设计理念、服务理念的图书馆空间与导视服务，是提升用户体验、满足用户精神需求的重要手段，也必将伴随图书馆走向更高的服务层次、迈向更广的服务平台。

2023年1月5日

于吉林白山